Otto Mayr

Neue Aufgabenformen im Mathematikunterricht

Aufgaben vernetzen –
Probleme lösen – kreativ denken

5. Klasse

Kopiervorlagen mit Lösungen

Bildnachweis

S. 11 MEV. S. 19 Fußball: MEV; Otto Mayr (5x). S. 39, 42 Otto Mayr. S. 50 Hochhaus: Otto Mayr; Archiv (2x). S. 51, 54, 55, 63, 70 Otto Mayr. S. 71 Marienkäfer: Ticino Minu; Otto Mayr (5x). S. 74, 75, 78, 79, 87, 91, 94, 95, 98, 99 Otto Mayr.

Gedruckt auf umweltbewusst gefertigtem, chlorfrei gebleichtem
und alterungsbeständigem Papier.

1. Auflage 2011
Nach den seit 2006 amtlich gültigen Regelungen der Rechtschreibung

ISBN 978-3-87101-**669**-1 www.brigg-paedagogik.de

Inhaltsverzeichnis

Vorwort

Die Ergebnisse internationaler Vergleichstests haben gezeigt, dass deutsche Schüler Schwächen aufweisen, wenn es um komplexe Aufgaben- und Textstrukturen, um Ungewohntes, um die flexible Verbindung verschiedener Sachgebiete geht.

Aus diesem Grund hat die Fachdidaktik die Forderung nach neuen Aufgabenformen im Mathematikunterricht gestellt. Dies bedeutet aber nicht, dass der bisherige Weg abgewertet werden soll; vielmehr ist an eine sinnvolle Ergänzung der bestehenden Aufgabenkultur gedacht. Die Bedeutung von Kopfrechnen und Kopfgeometrie wird besonders betont; Aufgaben zum Vernetzen von Routineaufgaben und Aufgaben zum Problemlösen und kreativen Denken sollen in besonderer Weise mit in den Mathematikunterricht einfließen. Diese neue Aufgabenkultur beinhaltet zwei große Bereiche:

Aufgaben zum Vernetzen sowie Erweitern und Variieren von Routineaufgaben:

- Fehleraufgaben
- Aufgaben zum Weiterdenken/Weiterfragen/Variieren
- Aufgaben in größerem Kontext
- Verbalisierung

Aufgaben zum Problemlösen und kreativen Denken:

- Offene Aufgaben
- Über- und unterbestimmte Aufgaben
- Rückwärtsdenken
- Konkretes Schätzen
- Besondere Aufgaben
- Aufgaben zum Hinterfragen
- Aufgaben zum Experimentieren
- Aufgaben mit mehreren Lösungswegen

Diesem neuen Ansatz ist der vorliegende Band gewidmet. Für die einzelnen Jahrgangsstufen ergeben sich in der Praxis unterschiedliche inhaltliche Anforderungen. Daher sind für die fünfte Jahrgangsstufe die neuen Aufgabenformen den Inhalten des Lehrplans zugeordnet, sodass der Lehrer/die Lehrerin seinen/ihren Mathematikunterricht zielgerichtet mit den neuen Aufgabenformen im Sinne der neuen Aufgabenkultur ergänzen kann. Auf der Seite 5 sind die neuen Aufgabenformen im Überblick dargestellt.

Die neuen Aufgabenformen sind mittlerweile Inhalt jeder Abschlussprüfung; dieser Band kann in vielfältiger Weise die notwendigen Kenntnisse anbahnen.
Ich wünsche viel Spaß und Erfolg bei der täglichen Arbeit.

Otto Mayr

Die neuen Aufgabenformen im Überblick

Auf den folgenden Seiten finden Sie diese neuen Aufgabenformen:

Seite	Aufgabenformen
6	Multiple-Choice-Aufgaben, Weiterdenken
7	Aufgabenstellung finden, Verbalisieren
10	Argumentieren
11	Argumentieren, Weiterdenken
14	Schaubilder zuordnen, Argumentieren
15	Argumentieren, Schaubilder zuordnen, Multiple-Choice-Aufgabe
18	Argumentieren, Multiple-Choice-Aufgabe
19	Argumentieren
22	Argumentieren
23	Argumentieren, Weiterdenken
26	Multiple-Choice-Aufgabe, Verbalisieren
27	Weiterdenken, Argumentieren
30	Offene Aufgabe, Argumentieren
31	Weiterdenken
34	Fehleraufgaben, Weiterdenken
35	Argumentieren
38	Weiterdenken, Fehleraufgaben
39	Variieren, Rückwärtsdenken, Argumentieren, Konkretes Schätzen
42	Besondere Aufgaben, Konkretes Schätzen
43	Offene Aufgabe
46	Weiterdenken, Fehleraufgaben
47	Verbalisieren, Multiple-Choice-Aufgabe
50	Argumentieren, Konkretes Schätzen
51	Experimentieren, Besondere Aufgaben
54	Variieren, Weiterdenken
55	Multiple-Choice-Aufgabe, Verbalisieren
58	Offene Aufgaben
59	Multiple-Choice-Aufgabe, Weiterdenken, Argumentieren
62	Multiple-Choice-Aufgabe, Verbalisieren
63	Verbalisieren
66	Weiterdenken, Multiple-Choice-Aufgaben
67	Weiterdenken, Fehleraufgaben
70	Argumentieren, Fehleraufgaben, Weiterfragen
71	Konkretes Schätzen
74	Fehleraufgaben, Argumentieren, Konkretes Schätzen
75	Offene Aufgaben, Argumentieren, Verbalisieren
78	Fehleraufgaben, Argumentieren, Konkretes Schätzen
79	Offene Aufgaben, Argumentieren, Verbalisieren
82	Weiterdenken, Experimentieren,
83	Argumentieren, Rückwärtsdenken
86	Argumentieren, Experimentieren
87	Konkretes Schätzen, Fehleraufgaben
90	Fehleraufgaben, Multiple-Choice-Aufgaben, Verbalisieren
91	Argumentieren, Fehleraufgaben
94	Variieren, Verbalisieren
95	Rückwärtsdenken, Verbalisieren, Multiple-Choice-Aufgaben
98	Konkretes Schätzen, Rückwärtsdenken
99	Konkretes Schätzen, Offene Aufgabe, Verbalisieren
102	Fehleraufgabe, Argumentieren, Weiterdenken
103	Offene Aufgabe

Thema: **1. Natürliche Zahlen**	**Name:**
Inhalt: 1.1 Millionen – Milliarden – Billionen	**Klasse:**

1. Kreuze die Wortbezeichnung an, die die jeweilige Zahl richtig beschreibt!

	M	HT	ZT	T	H	Z	E
a)	8	7	0	4	9	1	6
b)		3	2	5	6	0	7
c)	2	2	4	0	4	3	8
d)	2	2	0	4	4	8	3

a) ☐ Acht Millionen siebenhundertviertausendneunhundertsechzehn

b) ☐ Dreihundertzweiundfünfzigtausendsechshundertsieben

c) ☐ Zwei Millionen zweihundertvierzigtausendvierhundertachtunddreißig

d) ☐ Zwei Millionen zweihundertviertausendvierhundertdreiundachtzig

2. Ergänze so, dass sich aus der Zusammensetzung die gesuchte Zahl ergibt!

2386014:
2000000 + ______________________________

8000736:
____

45587801:
____

109290500:
____

3. Ergänze die fehlende Einteilung am Zahlenstrahl!

7500 22250

0 ______ ______ ______ ______ ______ ______

4. Finde die Fragen zu den folgenden Zahlen!

999999: ______________________________

1000000: ______________________________

9999999: ______________________________

10000: ______________________________

Thema: 1. Natürliche Zahlen	Name:
Inhalt: 1.1 Millionen – Milliarden – Billionen	Klasse:

5. Finde zu der Rechnung (ohne Benennungen) die passende Aufgabenstellung! Ergänze dazu den Lückentext!

1. Rechenschritt: 300 000 · 60 = 18 000 000
2. Rechenschritt: 18 000 000 · 60 = 1 080 000 000
3. Rechenschritt: 1 080 000 000 · 24 = 25 920 000 000
4. Rechenschritt: 25 920 000 000 · 365 = 9 460 800 000 000

Das Licht legt in einer Sekunde eine Strecke von ________________ km/s zurück.

Welche Strecke legt das Licht im Laufe ________________ zurück?

Schreibe jeweils in Form von ________________!

6. Welche Zahl ist hier beschrieben? Rahme ein!

Sieben Billionen einhundertacht Milliarden vierhundertsiebenundzwanzig Millionen einundsechzigtausendsechshundertdreiundneunzig

7 180 427 061 693	7 108 472 061 693	7 180 427 061 693
7 108 427 601 693	7 180 427 061 639	7 108 427 061 693
7 108 427 061 936	7 108 427 610 693	7 108 427 061 396

7. Schreibe folgende Zahlen ohne Stellentafel!

a) die zweitgrößte siebenstellige Zahl: ________________

b) die größte zehnstellige Zahl, die alle Ziffern enthält: ________________

c) die kleinste zehnstellige Zahl, die alle Ziffern enthält: ________________

d) die kleinste achtstellige Zahl, die alle ungeraden Ziffern enthält: ________________

8. Ergänze!

1 Billion = 1 000 ________________

1 Billion = 1 000 000 ________________

1 Billion = 1 000 000 000 ________________

1 Billion = 1 000 000 000 000 ________________

1 Billion = 1 000 · 1 000 ________________

1 Billion = 1 000 · 1 000 · 1 000 ________________

Thema: 1. Natürliche Zahlen	**Lösung**
Inhalt: 1.1 Millionen – Milliarden – Billionen	

1. Kreuze die Wortbezeichnung an, die die jeweilige Zahl richtig beschreibt!

	M	HT	ZT	T	H	Z	E
a)	8	7	0	4	9	1	6
b)		3	2	5	6	0	7
c)	2	2	4	0	4	3	8
d)	2	2	0	4	4	8	3

a) ☒ Acht Millionen siebenhundertviertausendneunhundertsechzehn

b) ☐ Dreihundertzweiundfünfzigtausendsechshundertsieben

c) ☒ Zwei Millionen zweihundertvierzigtausendvierhundertachtunddreißig

d) ☒ Zwei Millionen zweihundertviertausendvierhundertdreiundachtzig

2. Ergänze so, dass sich aus der Zusammensetzung die gesuchte Zahl ergibt!

2 386 014:
2 000 000 + **300 000 + 80 000 + 6 000 + 10 + 4**

8 000 736:
8 000 000 + 700 + 30 + 6

45 587 801:
40 000 000 + 5 000 000 + 500 000 + 80 000 + 7 000 + 800 + 1

109 290 500:
100 000 000 + 9 000 000 + 200 000 + 90 000 + 500

3. Ergänze die fehlende Einteilung am Zahlenstrahl!

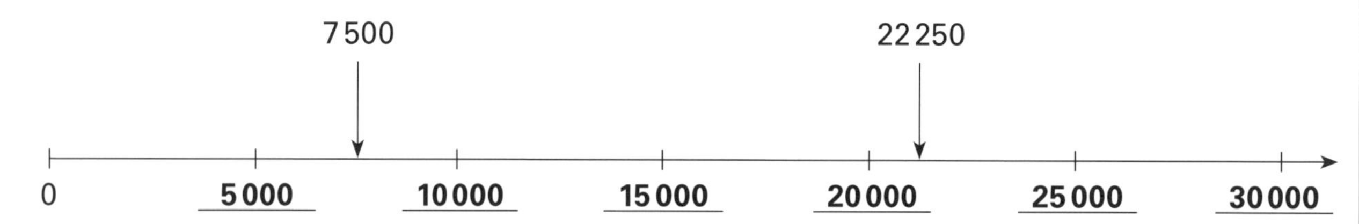

4. Finde die Fragen zu den folgenden Zahlen!

999 999: **Wie lautet die größte sechsstellige Zahl?**

1 000 000: **Wie lautet die kleinste siebenstellige Zahl?**

9 999 999: **Wie lautet die größte siebenstellige Zahl?**

10 000: **Wie lautet die kleinste fünfstellige Zahl?**

Thema: **1. Natürliche Zahlen**	**Lösung**
Inhalt: 1.1 Millionen – Milliarden – Billionen	

5. Finde zu der Rechnung (ohne Benennungen) die passende Aufgabenstellung! Ergänze dazu den Lückentext!

1. Rechenschritt: 300 000 · 60 = 18 000 000
2. Rechenschritt: 18 000 000 · 60 = 1 080 000 000
3. Rechenschritt: 1 080 000 000 · 24 = 25 920 000 000
4. Rechenschritt: 25 920 000 000 · 365 = 9 460 800 000 000

Das Licht legt in einer Sekunde eine Strecke von **300 000** km/s zurück.

Welche Strecke legt das Licht im Laufe **eines Jahres** zurück?

Schreibe jeweils in Form von **Dreiergruppen**!

6. Welche Zahl ist hier beschrieben? Rahme ein!

Sieben Billionen einhundertacht Milliarden vierhundertsiebenundzwanzig Millionen einundsechzigtausendsechshundertdreiundneunzig

7 180 427 061 693	7 108 472 061 693	7 180 427 061 693
7 108 427 601 693	7 180 427 061 639	[7 108 427 061 693]
7 108 427 061 936	7 108 427 610 693	7 108 427 061 396

7. Schreibe folgende Zahlen ohne Stellentafel!

a) die zweitgrößte siebenstellige Zahl: **9 999 998**

b) die größte zehnstellige Zahl, die alle Ziffern enthält: **9 876 543 210**

c) die kleinste zehnstellige Zahl, die alle Ziffern enthält: **1 023 456 789**

d) die kleinste achtstellige Zahl, die alle ungeraden Ziffern enthält: **11 113 579**

8. Ergänze!

1 Billion = 1 000 **Milliarden**

1 Billion = 1 000 000 **Millionen**

1 Billion = 1 000 000 000 **Tausender**

1 Billion = 1 000 000 000 000 **Einer**

1 Billion = 1 000 · 1 000 **Millionen**

1 Billion = 1 000 · 1 000 · 1 000 **Tausender**

Thema: 1. Natürliche Zahlen	**Name:**
Inhalt: 1.2 Zahlenbeziehungen – Schätzen – Runden	**Klasse:**

1. Beurteile, ob die Größenzuordnungen stimmen, und stelle gegebenenfalls richtig!

799 < 800 < 801 ______

112999 > 113000 > 113001 ______

14960 < 14959 < 14 961 ______

9001499 < 9001500 < 9002500 ______

25463600 > 25463 595 < 25463596 ______

2. Suche die Rechenregel und ersetze dann die falsche Zahl!

3 7 11 15 19 24 27 31 35 39 ______

6 3 12 6 24 12 48 24 96 49 192 ______

1000 900 910 810 820 620 730 630 640 ______

1 3 6 11 15 21 28 36 45 55 ______

3. Beurteile, ob die Anzahl richtig geschätzt wurde!

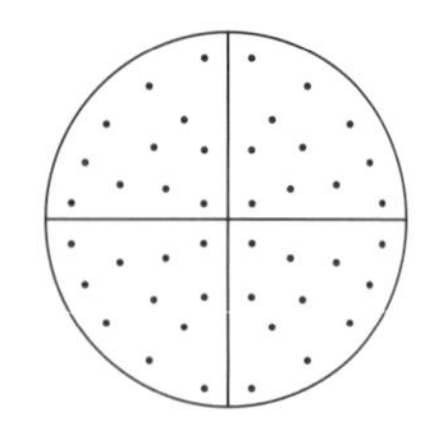

Schätzung: 10 · 4 = 40

______

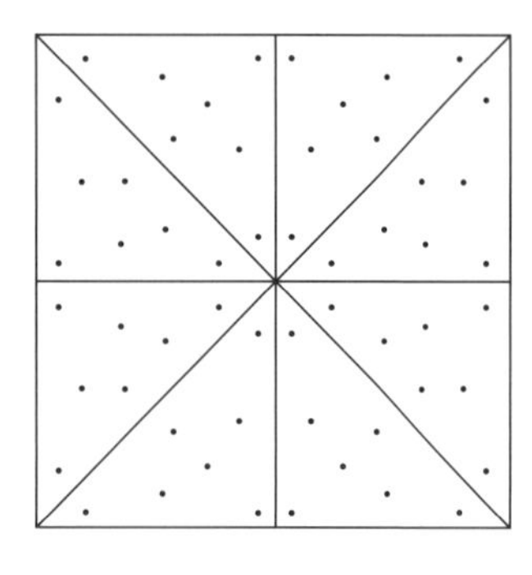

Schätzung: 7 · 6 = 42

______

______

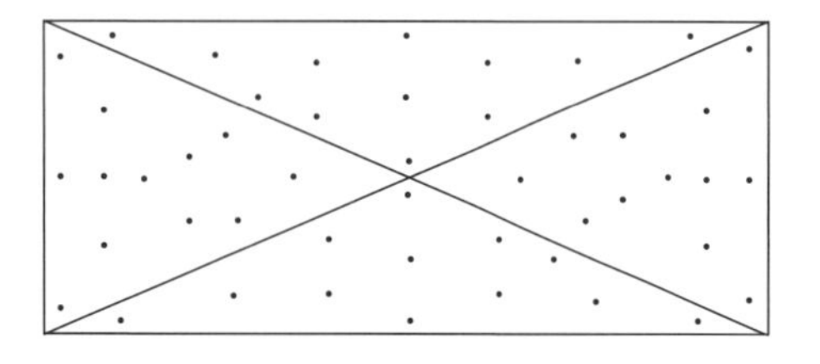

Schätzung: 12 · 4 = 48

______

______

Thema: **1. Natürliche Zahlen**	**Name:**
Inhalt: 1.2 Zahlenbeziehungen – Schätzen – Runden	**Klasse:**

4. Runde die Durchmesser der Planeten auf volle Tausender! Finde dann heraus, welche Planeten unten beschrieben sind!

Merkur	4874	____________
Venus	12104	____________
Erde	12756	____________
Mars	6794	____________
Jupiter	142984	____________
Saturn	120536	____________
Uranus	51118	____________
Neptun	49530	____________

- Der kleinste Planet: ____________
- Der größte Plantet: ____________
- Planeten, die ähnlich groß sind: ____________

____

5. Wo ist runden sinnvoll, wo nicht? Begründe deine Meinung!

DON-WM-47

Geburtsjahr: 1978

München 98 km

Bahnhofstr. 94

Donauwörth: 21492 Einwohner

Länge der Donau: 2858 km

Sonderangebot!!
Ein Stück 7,90 €

Telefonnummer:
0906/2884 5344

Fassungsvermögen Allianz Arena:
69 901 Zuschauer

____

____

____

____

____

____

Thema: 1. Natürliche Zahlen	**Lösung**
Inhalt: 1.2 Zahlenbeziehungen – Schätzen – Runden	

1. Beurteile, ob die Größenzuordnungen stimmen, und stelle gegebenenfalls richtig!

799 < 800 < 801	**Richtig!**
112999 > 113000 > 113001	**112999 < 113000 < 113001**
14960 < 14959 < 14961	**14959 < 14960 < 14961**
9001499 < 9001500 < 9002500	**Richtig!**
25463600 > 25463595 < 25463596	**Richtig!**

2. Suche die Rechenregel und ersetze dann die falsche Zahl!

3 7 11 15 19 ~~24~~ **23** 27 31 35 39 — **(+ 4)**

6 3 12 6 24 12 48 24 96 ~~49~~ **48** 192 — **(: 2 · 4)**

1000 900 910 810 820 ~~620~~ **720** 730 630 640 — **(– 100 + 10)**

1 3 6 ~~11~~ **10** 15 21 28 36 45 55 — **(+ 2, + 3, + 4 , ...)**

3. Beurteile, ob die Anzahl richtig geschätzt wurde!

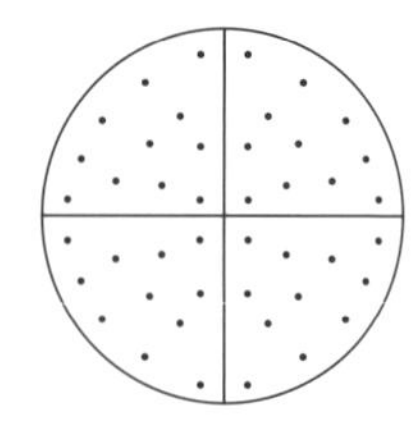

Schätzung: 10 · 4 = 40

Richtig!

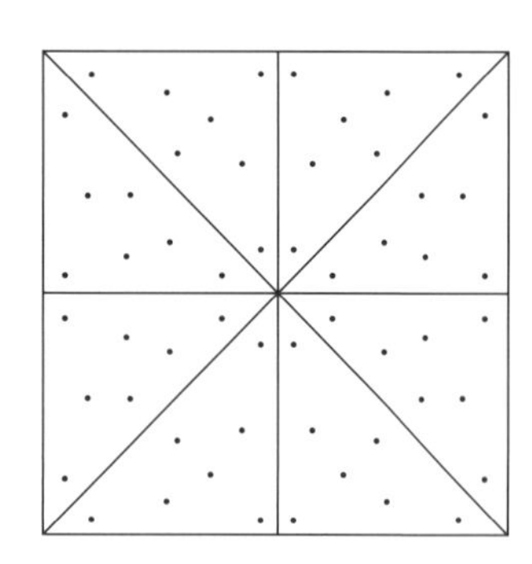

Schätzung: 7 · 6 = 42

Falsch: Es sind nicht sechs, sondern acht Dreiecke.

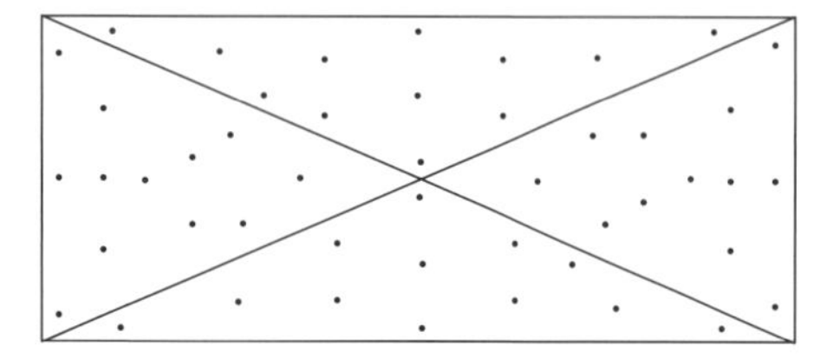

Schätzung: 12 · 4 = 48

Falsch: Die Flächen sind unterschiedlich groß.

Thema: 1. Natürliche Zahlen	**Lösung**
Inhalt: 1.2 Zahlenbeziehungen – Schätzen – Runden	

4. Runde die Durchmesser der Planeten auf volle Tausender! Finde dann heraus, welche Planeten unten beschrieben sind!

Merkur	4874	**5000**
Venus	12104	**12000**
Erde	12756	**13000**
Mars	6794	**7000**
Jupiter	142984	**143000**
Saturn	120536	**121000**
Uranus	51118	**51000**
Neptun	49530	**50000**

- Der kleinste Planet: **Merkur**
- Der größte Plantet: **Jupiter**
- Planeten, die ähnlich groß sind: **Merkur und Mars, Venus und Erde, Uranus und Neptun**

5. Wo ist runden sinnvoll, wo nicht? Begründe deine Meinung!

DON-WM-47

Geburtsjahr: 1978

München 98 km

Bahnhofstr. 94

Donauwörth: 21492 Einwohner

Länge der Donau: 2858 km

Sonderangebot!!
Ein Stück 7,90 €

Telefonnummer:
0906/2884 5344

Fassungsvermögen Allianz Arena:
69 901 Zuschauer

Man darf nicht runden, wenn es um Kraftfahrzeugkennzeichen, das Geburtsjahr, den Preis eines Sonderangebots, eine Telefonnummer oder eine Adresse geht, weil hier die exakte Nummer wichtig ist. Runden darf man Entfernungsangaben in Kilometer, die Länge eines Flusses, die Einwohnerzahl einer Stadt oder das Fassungsvermögen eines Fußballstadions, weil hier eine runde Zahl aussagekräftiger ist.

Thema: **1. Natürliche Zahlen**	**Name:**
Inhalt: 1.3 Schaubilder	**Klasse:**

1. Katjas Tagesablauf sah gestern so aus:

   Schlafen: 10 Stunden; Schule: 5 Stunden; Hausaufgaben: 2 Stunden; Essen: 1 Stunde; Freizeit: 6 Stunden.

   Ordne die verschiedenen Tätigkeiten nach ihrer Dauer den Kreisen zu!

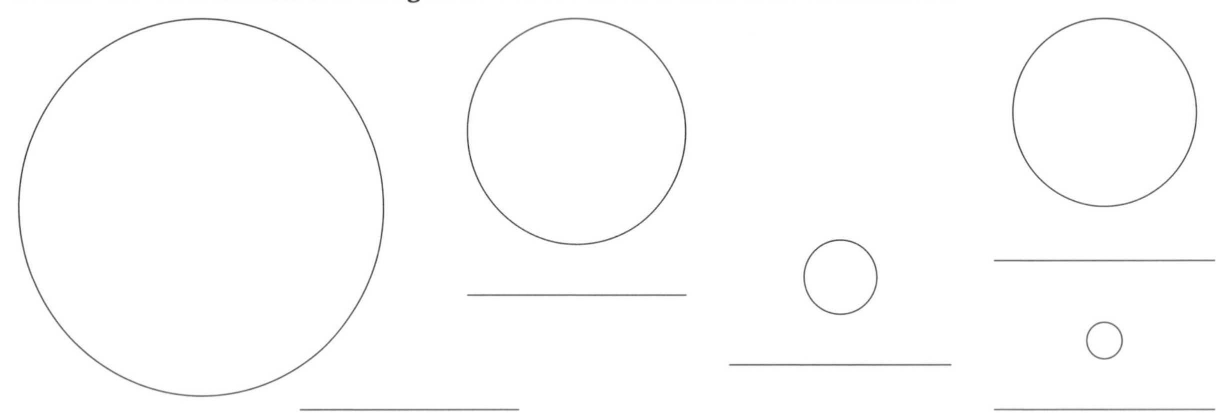

2. Familie Mettmann hat am Vortag diese Wassermengen verbraucht:

   Körperpflege: 8 l; Kochen 4 l; Waschen 20 l; Toilettenspülung 35 l; Geschirrspüler: 9 l; Duschen 40 l; Sonstiges 14 l.

   Beurteile die Darstellung im folgenden Säulendiagramm und berichtige, wenn nötig!

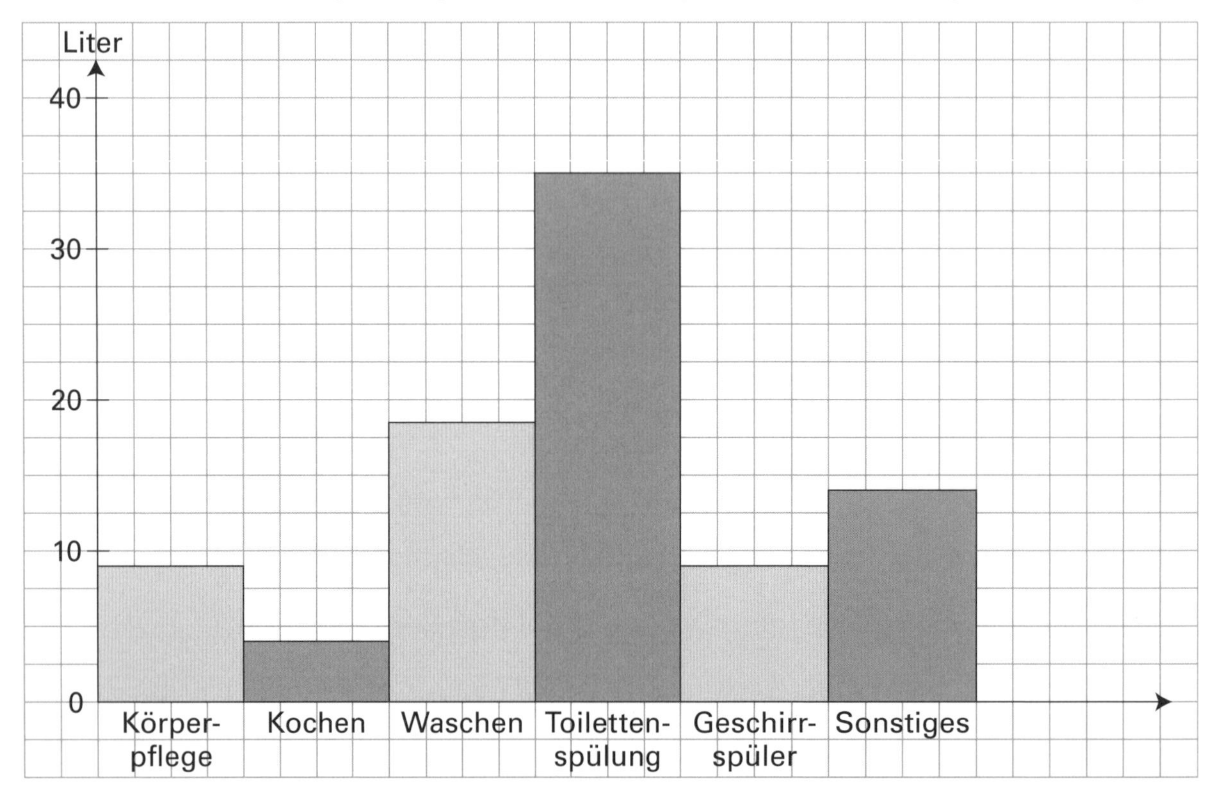

 Otto Mayr: Neue Aufgabenformen im Mathematikunterricht 5. Klasse © Brigg Pädagogik Verlag GmbH, Augsburg · Best.-Nr. 669

Thema: **1. Natürliche Zahlen**	**Name:**
Inhalt: 1.3 Schaubilder	**Klasse:**

3. Das Grundstück von Familie Straulino ist 750 m^2 groß. Davon entfallen 150 m^2 auf die Wohnfläche, 75 m^2 auf Garage und Einfahrt, 50 m^2 auf den Gemüsegarten und 175 m^2 auf den Obstgarten. Die Rasenfläche ist 300 m^2 groß.
Ordne aufgrund dieser Aufstellung den Symbolen die richtigen Bezeichnungen zu!

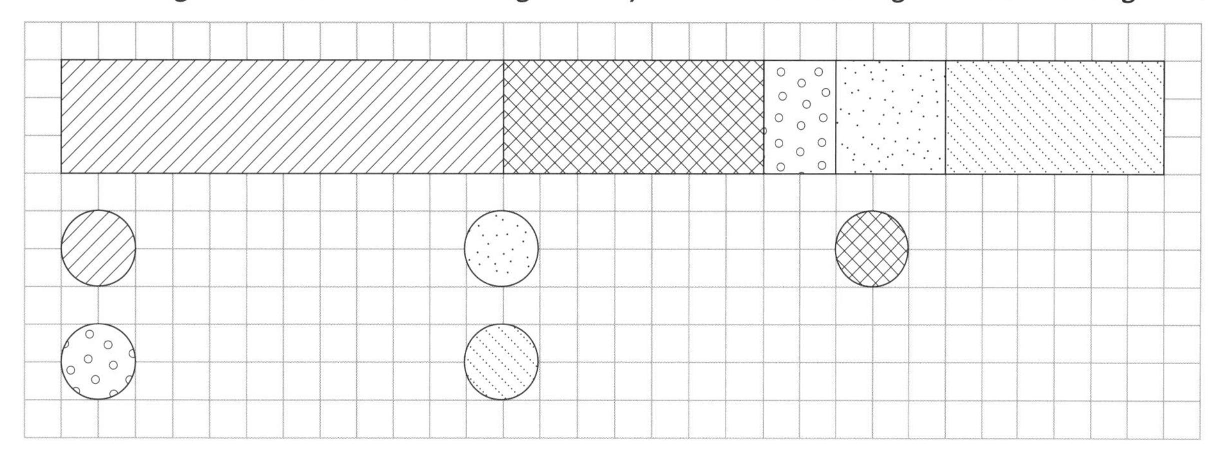

4. *Kreuze die richtigen Aussagen an!*

- ☐ Die meisten Besucher weist der Zoologische Garten Berlin mit dem Aquarium auf.
- ☐ Den Zoologischen Garten Köln haben rund 1,5 Millionen Gäste besucht.
- ☐ Im Zoo Dresden gab es am Ende 2009 ungefähr 2 500 Tiere.
- ☐ Mit ungefähr 15 000 Tieren steht in dieser Rangliste der Tierpark Hellabrunn in München auf dem zweiten Platz.
- ☐ Der Zoo Duisburg hat als einziger auch ein Delphinarium.
- ☐ Den Zoologischen Garten in Augsburg besuchten etwa halb so viele Gäste wie den Zoo in Karlsruhe.

Thema: 1. **Natürliche Zahlen**	**Lösung**
Inhalt: 1.3 Schaubilder	

1. Katjas Tagesablauf sah gestern so aus:

Schlafen: 10 Stunden; Schule: 5 Stunden; Hausaufgaben: 2 Stunden; Essen: 1 Stunde; Freizeit: 6 Stunden.

Ordne die verschiedenen Tätigkeiten nach ihrer Dauer den Kreisen zu!

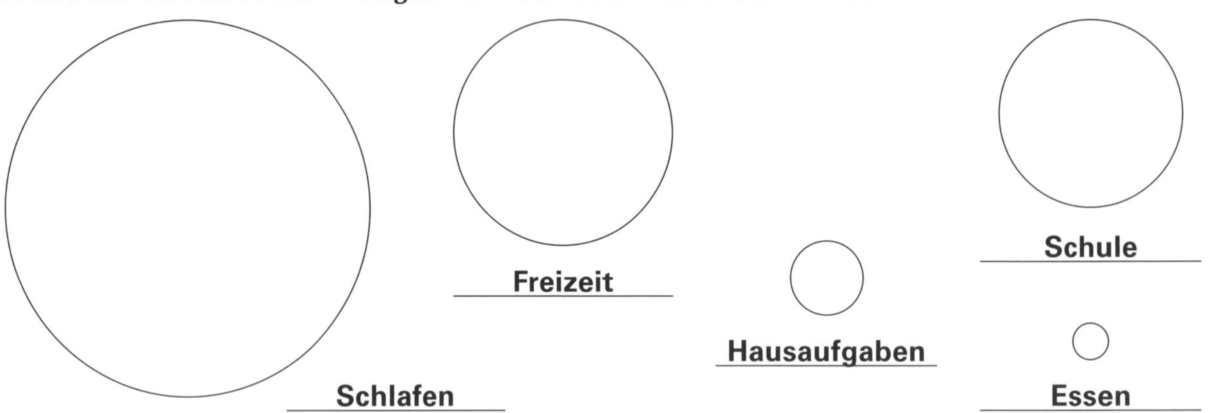

2. Familie Mettmann hat am Vortag diese Wassermengen verbraucht:

Körperpflege: 8 l; Kochen 4 l; Waschen 20 l; Toilettenspülung 35 l; Geschirrspüler: 9 l; Duschen 40 l; Sonstiges 14 l.

Beurteile die Darstellung im folgenden Säulendiagramm und berichtige, wenn nötig!

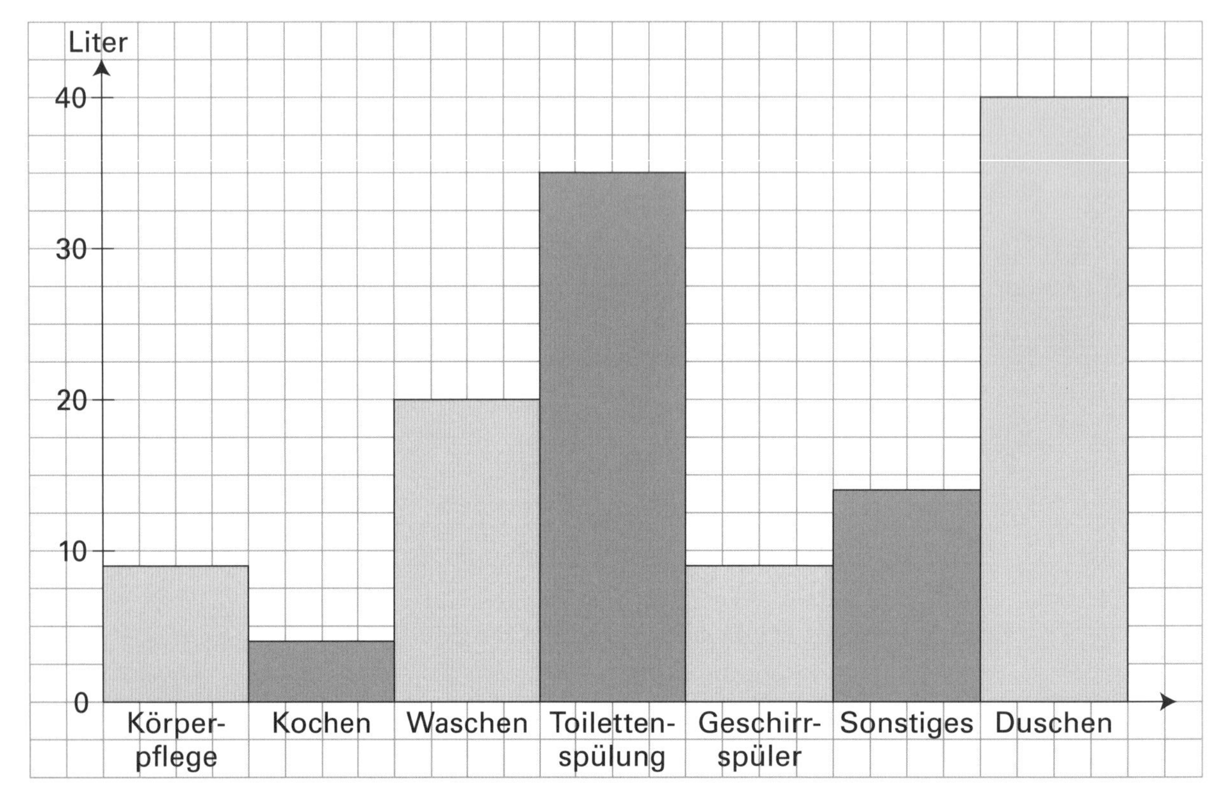

Im Säulendiagramm sind für den Bereich „Waschen" zu wenige Liter angegeben; der Bereich „Duschen" fehlt.

Thema: 1. Natürliche Zahlen	**Lösung**
Inhalt: 1.3 Schaubilder	

3. Das Grundstück von Familie Straulino ist 750 m² groß. Davon entfallen 150 m² auf die Wohnfläche, 75 m² auf Garage und Einfahrt, 50 m² auf den Gemüsegarten und 175 m² auf den Obstgarten. Die Rasenfläche ist 300 m² groß.
Ordne aufgrund dieser Aufstellung den Symbolen die richtigen Bezeichnungen zu!

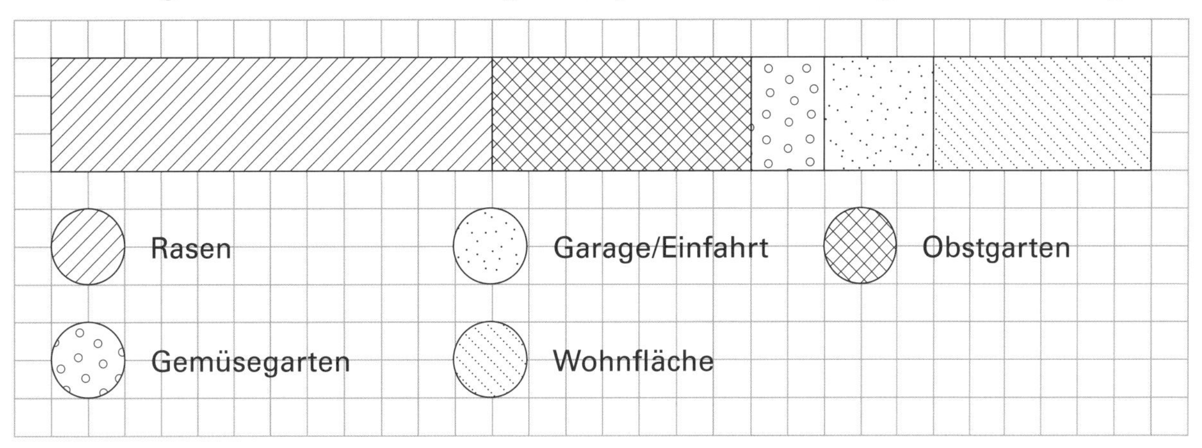

4. *Kreuze die richtigen Aussagen an!*

- [x] Die meisten Besucher weist der Zoologische Garten Berlin mit dem Aquarium auf.
- [x] Den Zoologischen Garten Köln haben rund 1,5 Millionen Gäste besucht.
- [ ] Im Zoo Dresden gab es am Ende 2009 ungefähr 2 500 Tiere.
- [x] Mit ungefähr 15 000 Tieren steht in dieser Rangliste der Tierpark Hellabrunn in München auf dem zweiten Platz.
- [ ] Der Zoo Duisburg hat als einziger auch ein Delphinarium.
- [x] Den Zoologischen Garten in Augsburg besuchten etwa halb so viele Gäste wie den Zoo in Karlsruhe.

Thema: 2. Geometrie 1	**Name:**
Inhalt: 2.1 Körper und Flächen	**Klasse:**

1. Nach welchen Gesichtspunkten wurden die Körper hier geordnet?

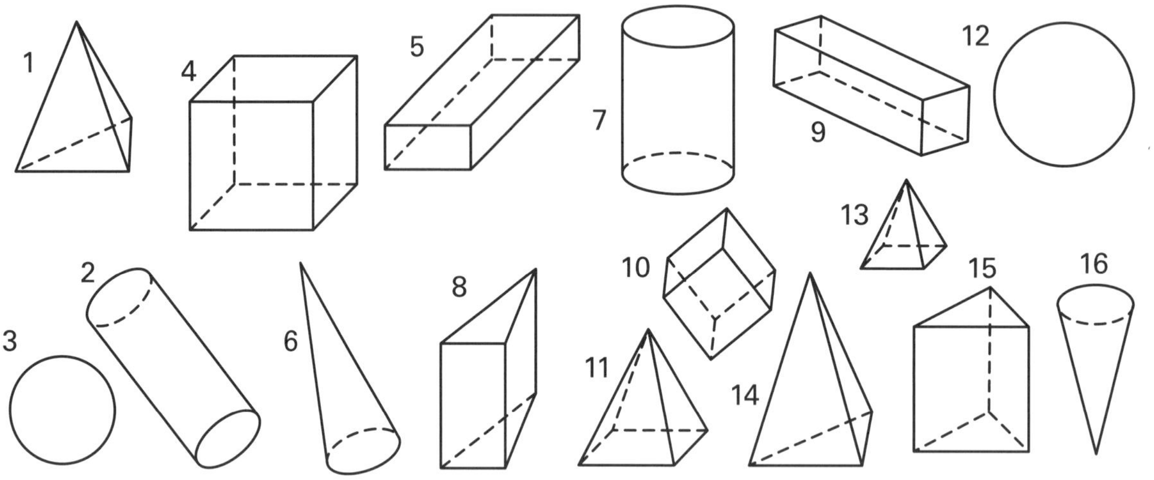

4; 10: ______________

5; 9: ______________

6; 16: ______________

1; 11; 13; 14: ______________

2; 7: ______________

3; 12: ______________

2; 4; 5; 7; 8; 9; 10; 15: ______________

1; 6; 11; 13; 14; 16: ______________

8; 15: ______________

2. Kreuze die richtigen Aussagen an!

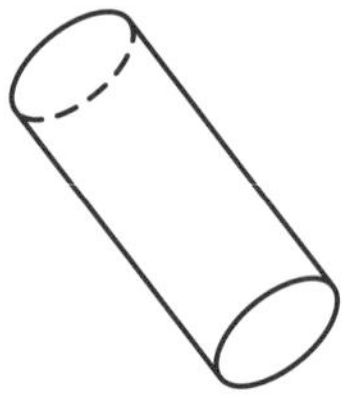

- ☐ Besteht aus zwei Kreisen und einem Rechteck.
- ☐ Schneide ich parallel zur Grundfläche, entsteht ein Kreis.
- ☐ Schneide ich senkrecht zur Grundfläche, entsteht ein Viereck.
- ☐ Grund- und Deckfläche sind parallel.

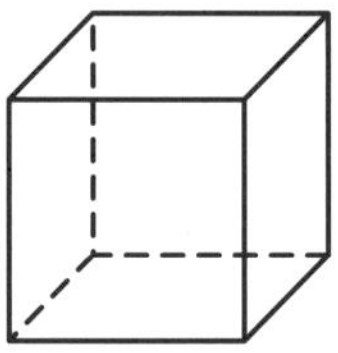

- ☐ Sechs gleich große quadratische Flächen.
- ☐ 8 Kanten
- ☐ 12 Ecken
- ☐ Schneide ich parallel zur Grundfläche, entsteht ein Quadrat.

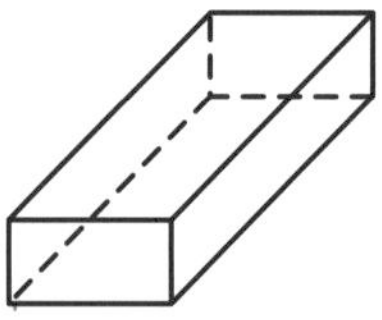

- ☐ Dreimal zwei gleich große Flächen.
- ☐ Gegenüberliegende Flächen sind zueinander parallel.
- ☐ 12 Kanten
- ☐ 8 Ecken

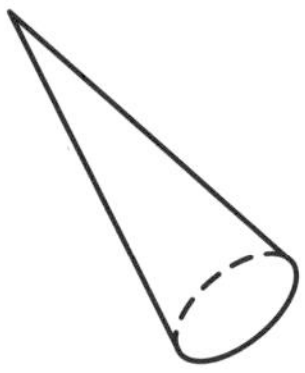

- ☐ Besteht aus zwei Flächen.
- ☐ 1 Kante und 1 Ecke
- ☐ Schneide ich parallel zur Grundfläche, entsteht ein Rechteck.
- ☐ Schneide ich senkrecht zur Grundfläche, entsteht ein Dreieck.

Thema: **2. Geometrie 1**	**Name:**
Inhalt: 2.1 Körper und Flächen	**Klasse:**

3. Benenne den jeweiligen Körper (auch wenn er geometrisch nicht „perfekt“ ist), erläutere, aus wie vielen Flächen er besteht, und schätze, wie groß er ist (Länge, Breite, Höhe)!

Thema: **2. Geometrie 1**	**Lösung**
Inhalt: 2.1 Körper und Flächen	

1. Nach welchen Gesichtspunkten wurden die Körper hier geordnet?

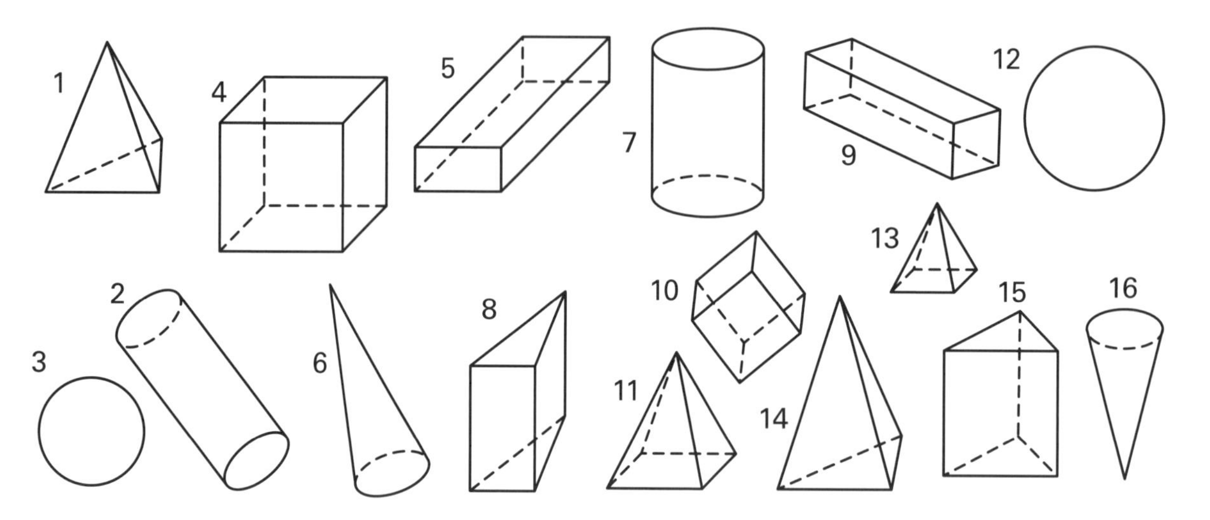

4; 10:	**Würfel**	2; 7:	**Rundsäule**
5; 9:	**Quader**	3; 12:	**Kugel**
6; 16:	**Kegel**	2; 4; 5; 7; 8; 9; 10; 15:	**gerade Säulen**
1; 11; 13; 14:	**Pyramide**	1; 6; 11; 13; 14; 16:	**Spitzkörper**
		8; 15:	**Dreiecksäulen**

2. Kreuze die richtigen Aussagen an!

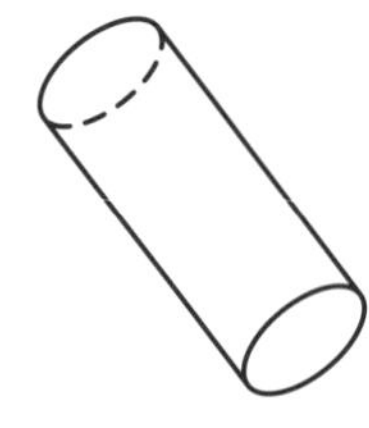

- [x] Besteht aus zwei Kreisen und einem Rechteck.
- [x] Schneide ich parallel zur Grundfläche, entsteht ein Kreis.
- [x] Schneide ich senkrecht zur Grundfläche, entsteht ein Viereck.
- [x] Grund- und Deckfläche sind parallel.

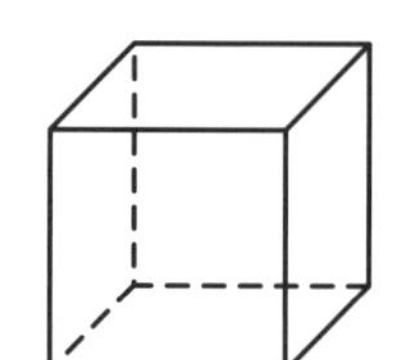

- [x] Sechs gleich große quadratische Flächen.
- [ ] 8 Kanten
- [ ] 12 Ecken
- [x] Schneide ich parallel zur Grundfläche, entsteht ein Quadrat.

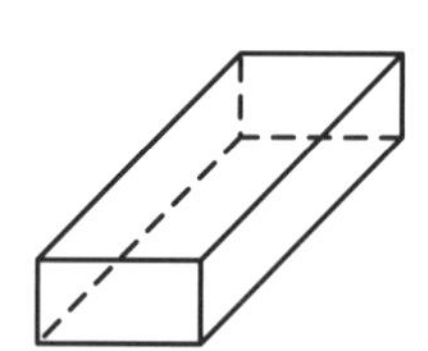

- [x] Dreimal zwei gleich große Flächen.
- [x] Gegenüberliegende Flächen sind zueinander parallel.
- [x] 12 Kanten
- [x] 8 Ecken

- [x] Besteht aus zwei Flächen.
- [x] 1 Kante und 1 Ecke
- [ ] Schneide ich parallel zur Grundfläche, entsteht ein Rechteck.
- [x] Schneide ich senkrecht zur Grundfläche, entsteht ein Dreieck.

Thema: 2. Geometrie 1	**Lösung**
Inhalt: 2.1 Körper und Flächen	

3. Benenne den jeweiligen Körper (auch wenn er geometrisch nicht „perfekt" ist), erläutere, aus wie vielen Flächen er besteht, und schätze, wie groß er ist (Länge, Breite, Höhe)!

Zylinder; d = 60 cm; h = 4 m

Würfel; a = 1 m

Quader; 20 cm x 34 cm x 13 cm

Pyramide; h = 22 m; a = 35 m

Kugel; d = 20 cm

Kegel; h = 50 cm; a = 20 cm

Thema: 2. Geometrie 1	**Name:**
Inhalt: 2.2 Würfel und Quader	**Klasse:**

1. a) Wie viele Möglichkeiten gibt es, von A nach G zu gelangen?

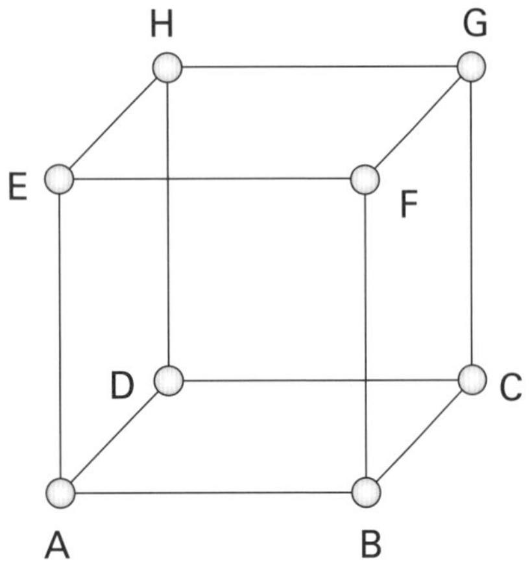

H G E F D C A B

b) Gib die gesuchten Ecken an!

- hinten unten rechts: ______
- vorne oben links: ______
- hinten oben rechts: ______
- vorne unten links: ______

c) Wie heißen die beiden Flächendiagonalen

- der Grundfläche? ______
- rechten Seitenfläche? ______

d) Wie viele Raumdiagonalen gibt es und wie heißen sie? ______

2. Aus welchen Netzen kann man Würfel herstellen? Kreise den Buchstaben ein!

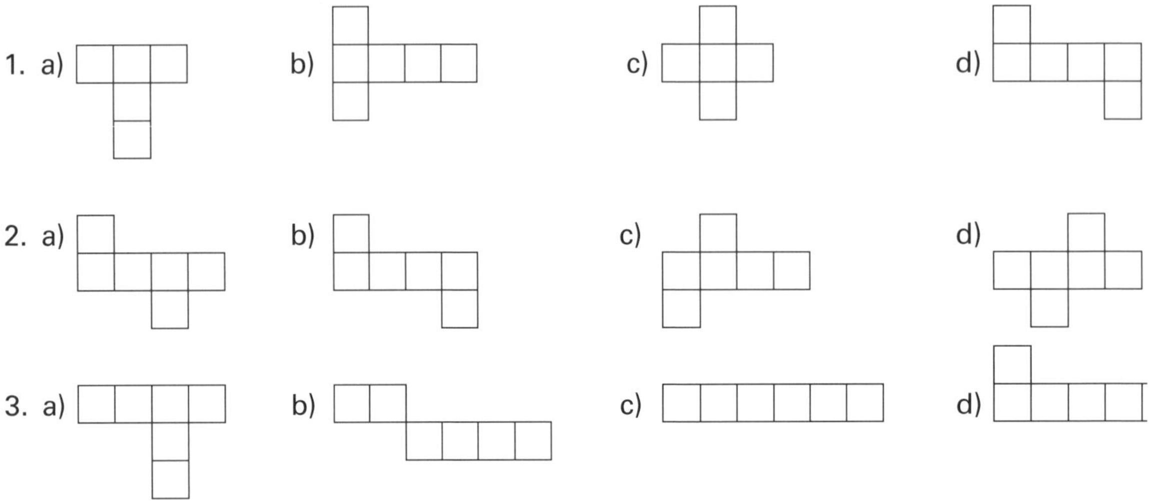

1. a) b) c) d)

2. a) b) c) d)

3. a) b) c) d)

3. Die Augensumme zweier gegenüberliegender Seiten eines Spielwürfels ergibt immer die Zahl „7"! Ergänze die fehlenden Augenzahlen!

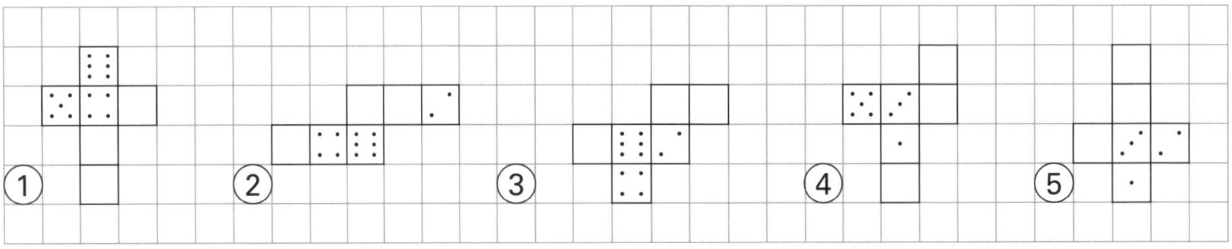

① ② ③ ④ ⑤

Thema: **2. Geometrie 1**	**Name:**
Inhalt: 2.2 Würfel und Quader	**Klasse:**

4. Ein Holzwürfel wird von einer Kante zur schräg gegenüberliegenden Kante durchgesägt. *Welche Körper entstehen?*

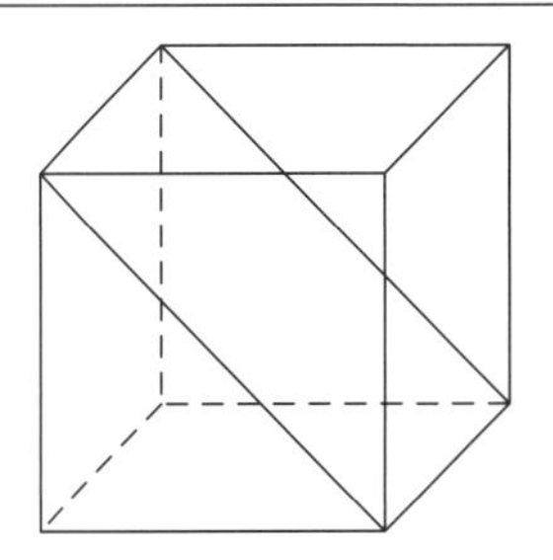

____

5. Bezeichne die Ecken in den Würfelnetzen mit den richtigen Buchstaben!

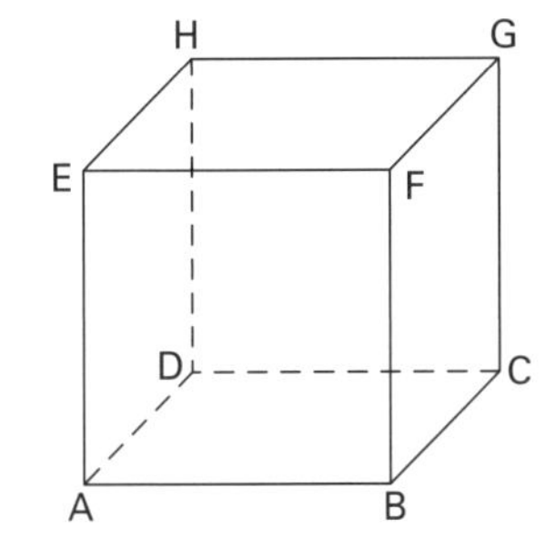

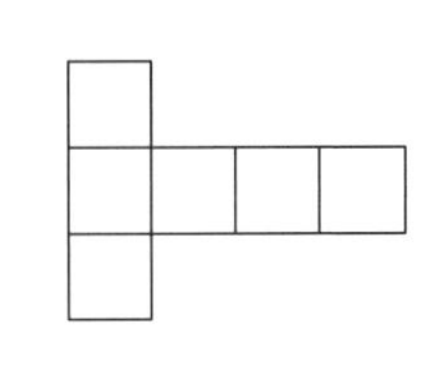

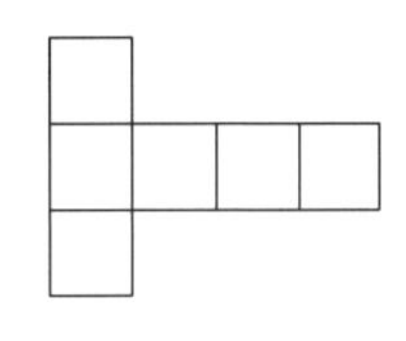

6. Ein Holzwürfel wird parallel zu einer Fläche durchgesägt. *Welche Körper entstehen?*

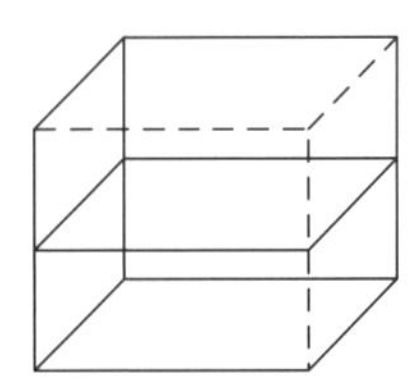

____

7. Aus welchen Netzen lassen sich Quader herstellen?

1. a)

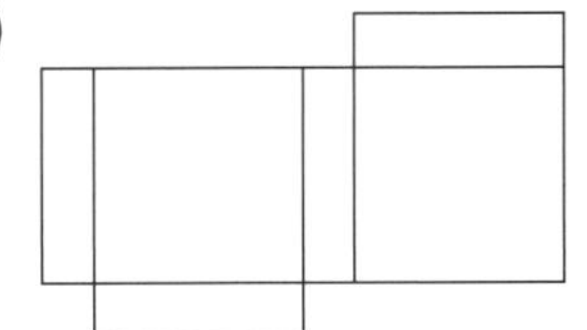

b)

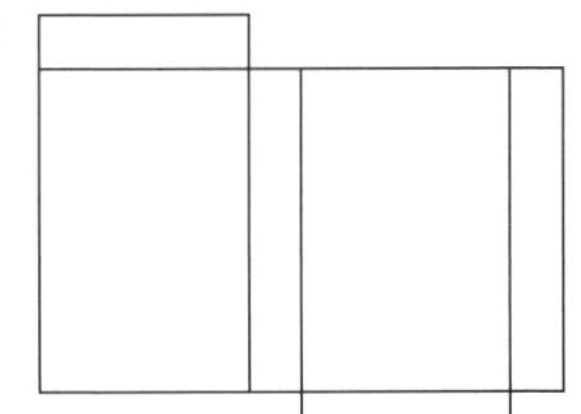

c)

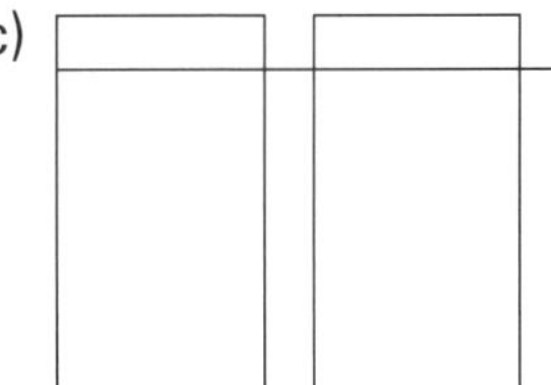

2. a)

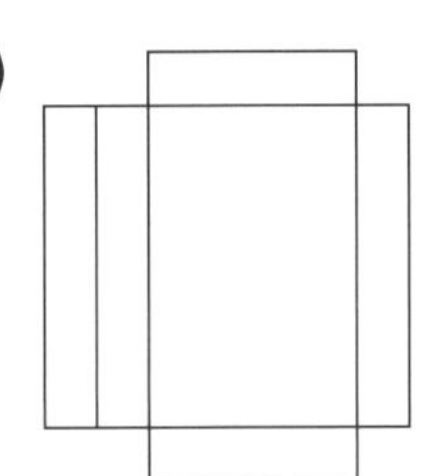

b)

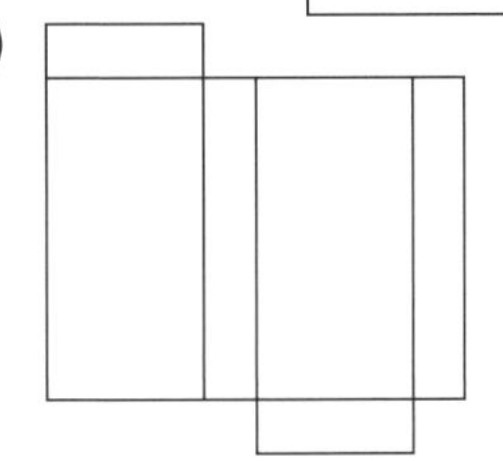

c)

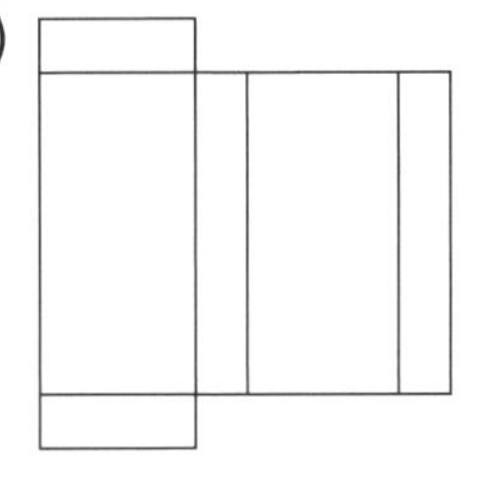

8. Bestimme die Ecken im Quadernetz!

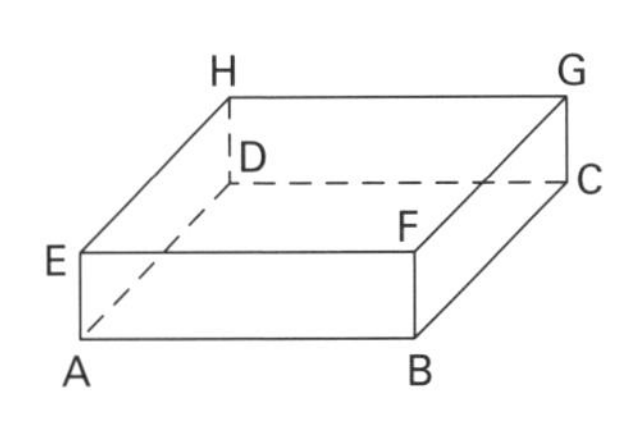

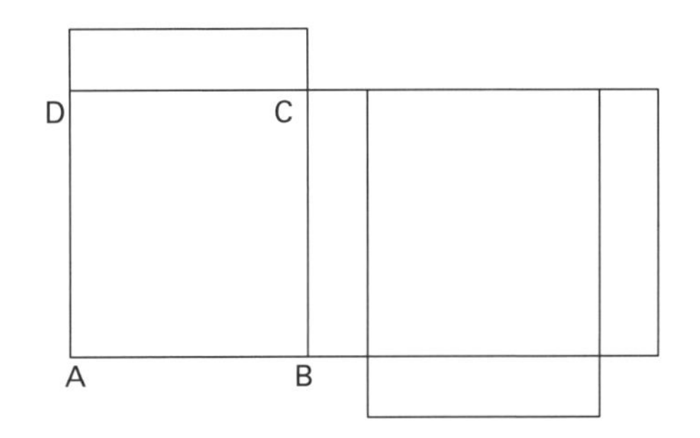

Thema: 2. Geometrie 1	**Lösung**
Inhalt: 2.2 Würfel und Quader	

1. *a) Wie viele Möglichkeiten gibt es, von A nach G zu gelangen?*

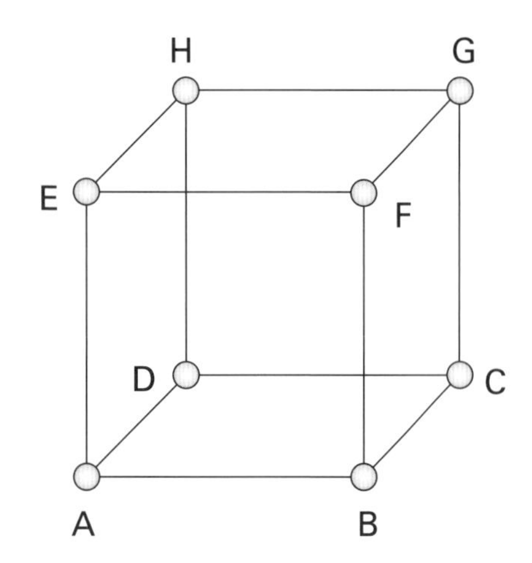

6 Möglichkeiten: ABCG – ABFG – ADCG – ADHG – AEHG – AEFG

b) Gib die gesuchten Ecken an!

- hinten unten rechts: **C**
- vorne oben links: **E**
- hinten oben rechts: **G**
- vorne unten links: **A**

c) Wie heißen die beiden Flächendiagonalen

- der Grundfläche? **AC und BD**
- rechten Seitenfläche? **BG und CF**

d) Wie viele Raumdiagonalen gibt es und wie heißen sie? **AG, BH, EC und DF**

2. *Aus welchen Netzen kann man Würfel herstellen? Kreise den Buchstaben ein!*

1. a) 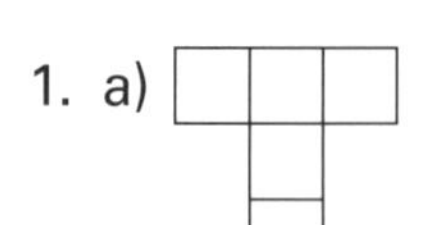 (b) 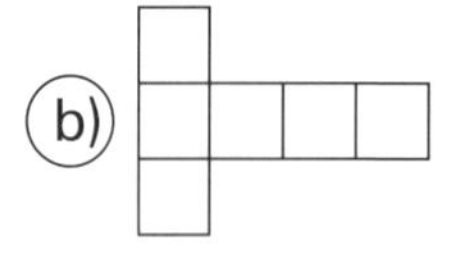 c) 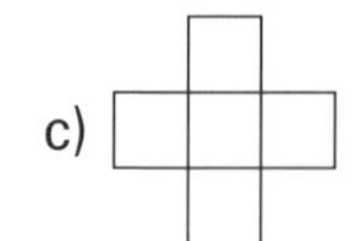 (d) 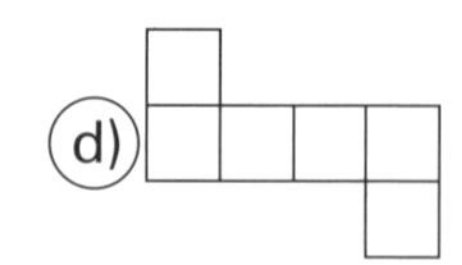

2. (a) 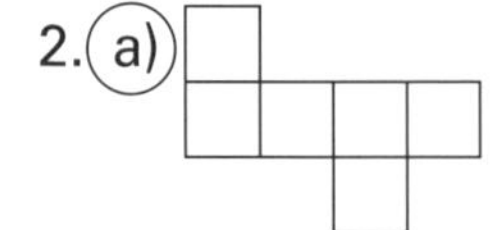 (b) 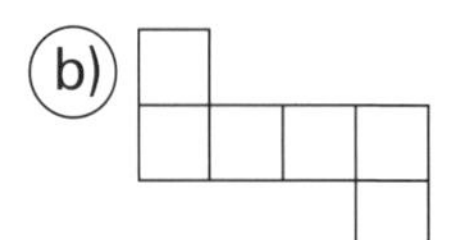 (c) 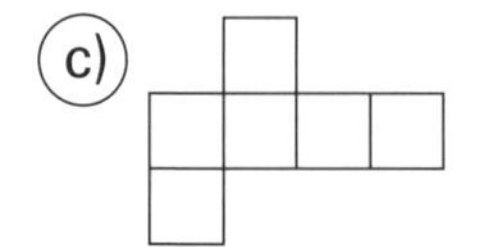 (d) 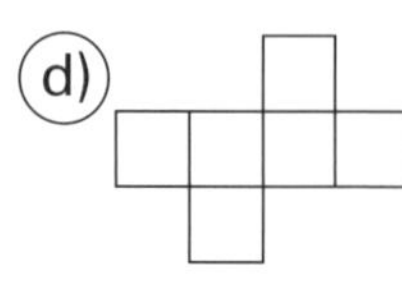

3. a) 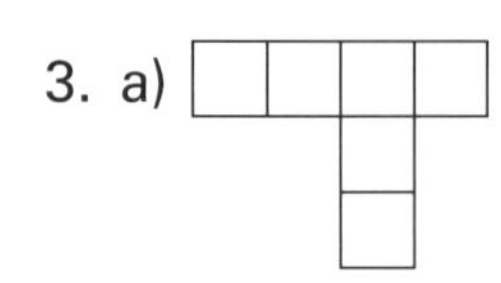 b) 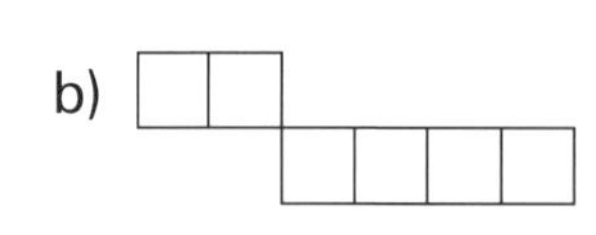 c) d) 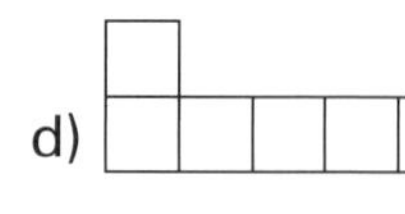

3. *Die Augensumme zweier gegenüberliegender Seiten eines Spielwürfels ergibt immer die Zahl „7"! Ergänze die fehlenden Augenzahlen!*

(1) (2) (3) (4) (5)

Thema: 2. Geometrie 1	**Lösung**
Inhalt: 2.2 Würfel und Quader	

4. Ein Holzwürfel wird von einer Kante zur schräg gegenüberliegenden Kante durchgesägt. *Welche Körper entstehen?*

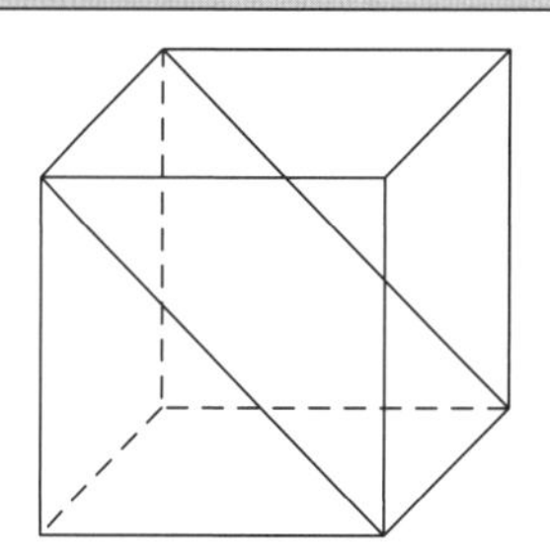

2 Prismen

5. Bezeichne die Ecken in den Würfelnetzen mit den richtigen Buchstaben!

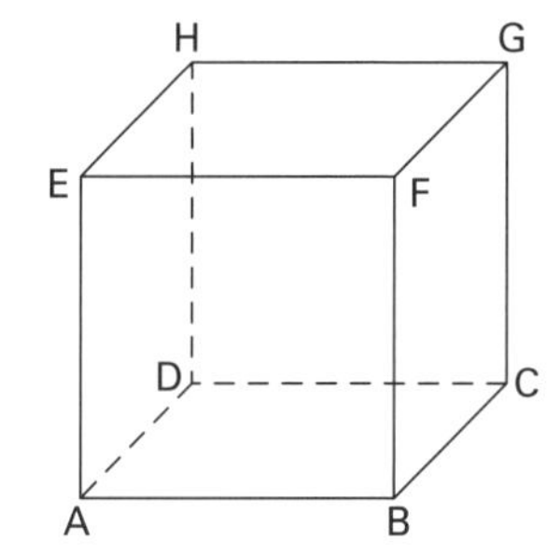

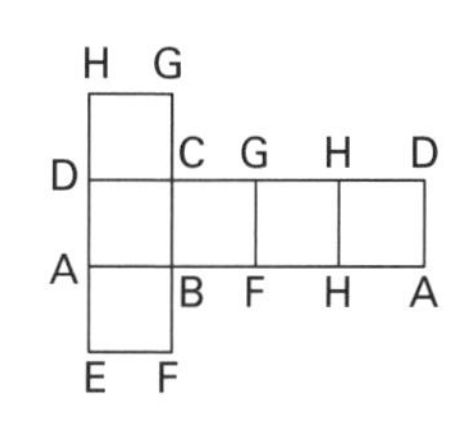

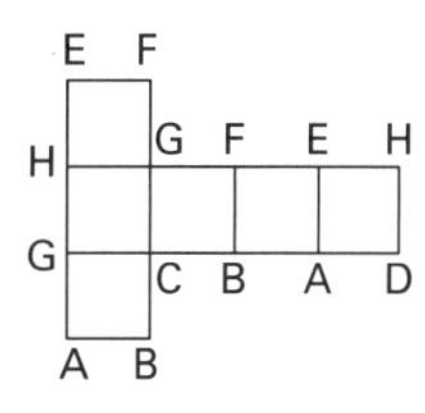

6. Ein Holzwürfel wird parallel zu einer Fläche durchgesägt. *Welche Körper entstehen?*

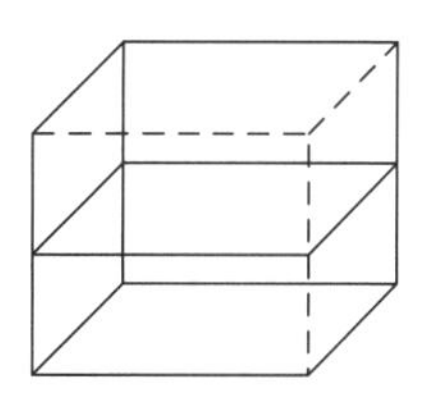

2 Quader

7. Aus welchen Netzen lassen sich Quader herstellen?

1. (a)

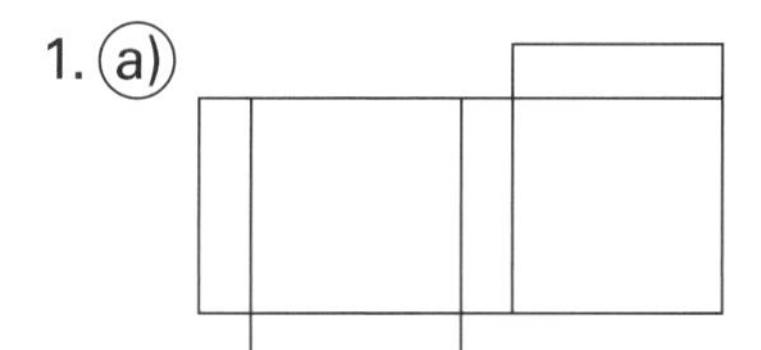

(b)

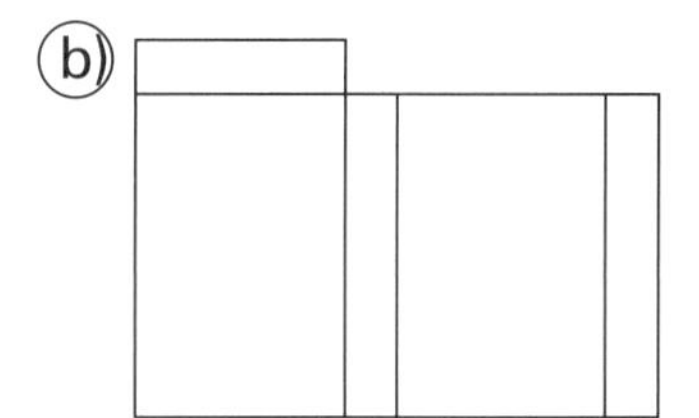

c)

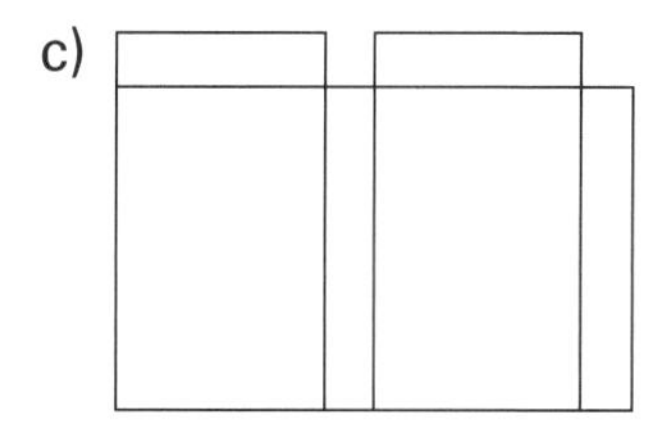

2. a)

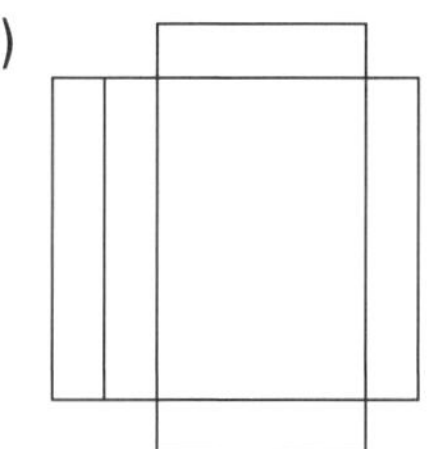

(b)

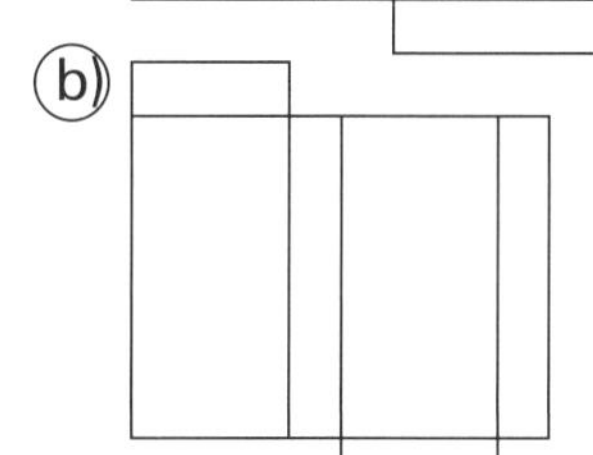

(c)

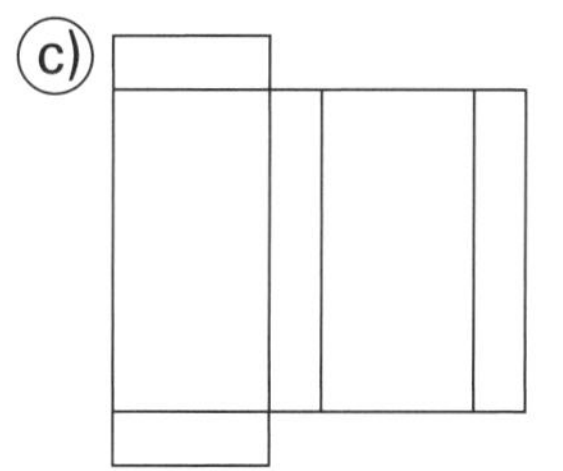

8. Bestimme die Ecken im Quadernetz!

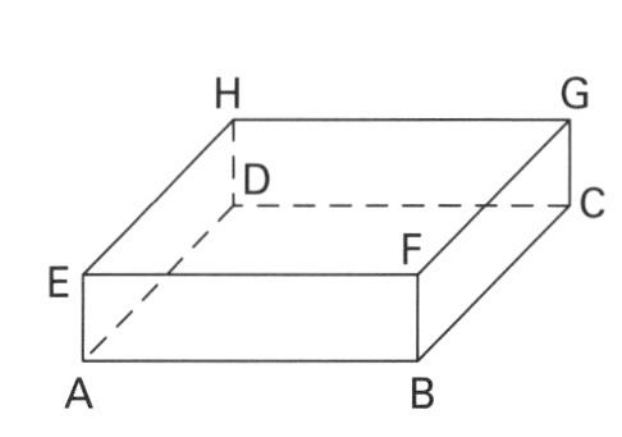

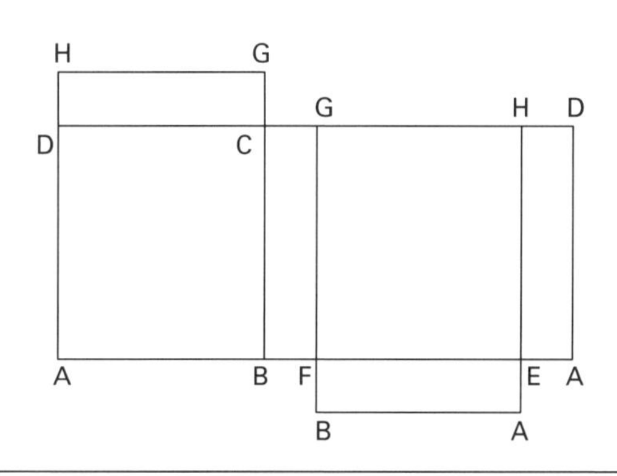

Thema: 2. Geometrie 1	**Name:**
Inhalt: 2.3 Gerade – Strecke – Punkt	**Klasse:**

1. Ordne die Strecken der Länge nach! Beginne mit der größten!

A B C D

____

____

2. Kreuze die richtigen Aussagen an!

☐ Geraden werden mit Kleinbuchstaben bezeichnet.

☐ Geraden werden mit Großbuchstaben bezeichnet.

☐ Strecken kennzeichnet man mit Anfang- und Endpunkt oder Kleinbuchstaben.

☐ Auf Geraden werden Punkte durch einen kurzen Strich und mit Großbuchstaben bezeichnet.

☐ Geraden, die miteinander einen rechten Winkel bilden, verlaufen parallel.

☐ Geraden, die miteinander einen rechten Winkel bilden, verlaufen senkrecht.

3. Ergänze die Satzanfänge!

a) Man kann Geraden nicht der Länge nach ordnen, ______________________________

____

b) Eine Strecke ist ______________________________

c) Die kürzeste Entfernung eines Punktes von einer Geraden g ist die Strecke,

____

d) Diese Strecke nennt man ______________________________

e) Mit dem Geo-Dreieck kann man ______________________________

4. Welche Form des geometrischen Zeichnens wird hier dargestellt?

a) g h

a) ______________________

____

b) ______________________

____

b) h g

Thema: **2. Geometrie 1**	**Name:**
Inhalt: 2.3 Gerade – Strecke – Punkt	**Klasse:**

5. Ergänze die Seiten zu den angegebenen geometrischen Flächen!

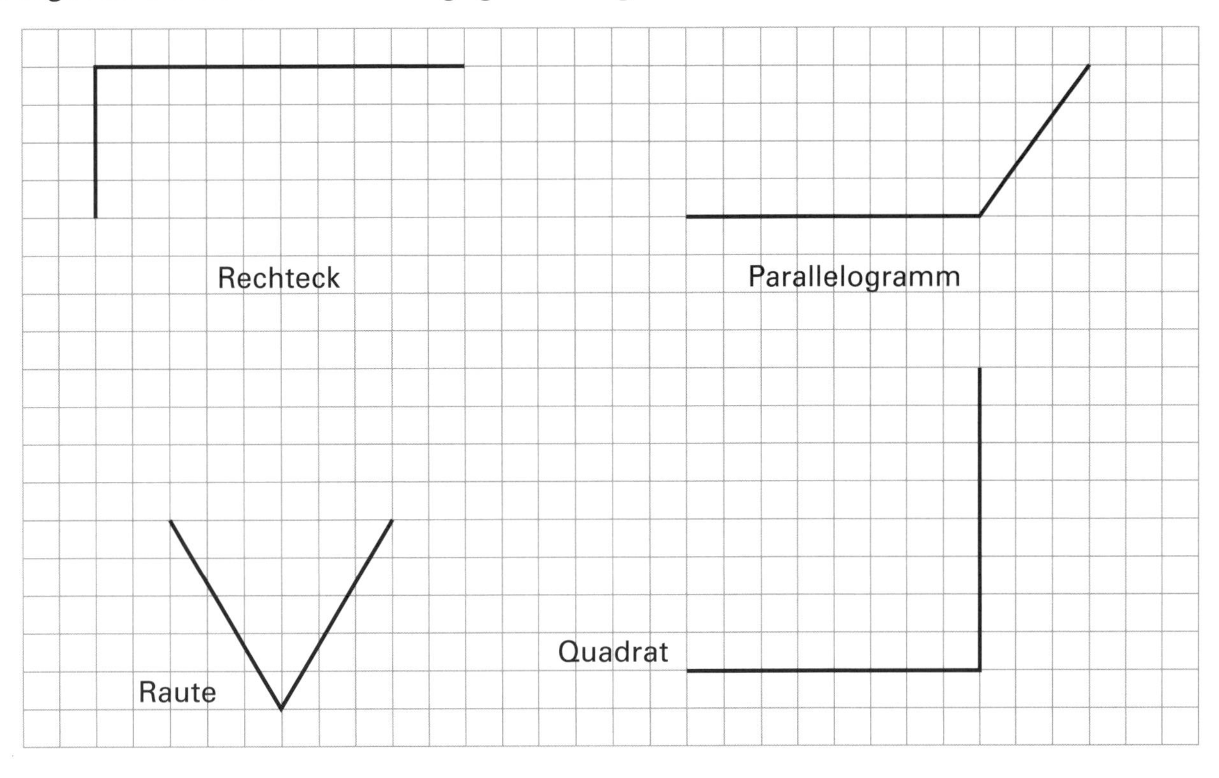

6. Zeichne ein Quadrat (a = 3 cm) und ein Rechteck (a = 6 cm, b = 2 cm)!
Trage dann die Diagonalen ein! Welche der folgenden Aussagen trifft nur auf das Quadrat (Q), welche tritt nur auf das Rechteck (R), welche auf beide zu?

- Die Diagonalen sind gleich lang: ______________________
- Die Diagonalen halbieren sich: ______________________
- Die Seiten sind gleich lang: ______________________
- Es gibt zweimal zwei gleich lange Seiten: ______________________
- Die Diagonalen stehen senkrecht aufeinander: ______________________
- Gegenüberliegende Seiten sind parallel: ______________________
- Die Diagonalen sind die längsten Strecken innerhalb der Figur: ______________________
- Es gibt zwei Diagonalen: ______________________

Thema: **2. Geometrie 1**	**Lösung**
Inhalt: 2.3 Gerade – Strecke – Punkt	

1. Ordne die Strecken der Länge nach! Beginne mit der größten!

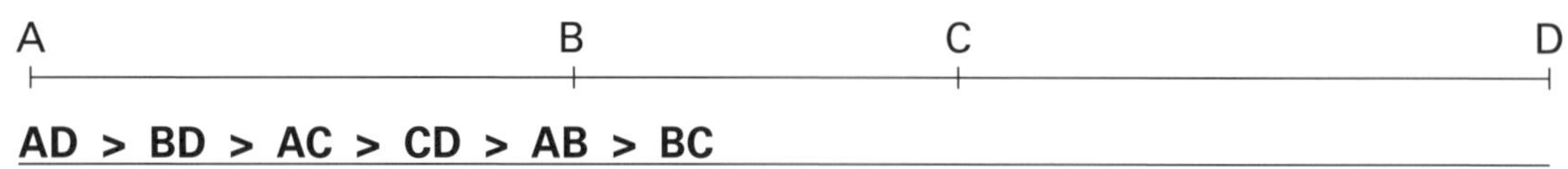

AD > BD > AC > CD > AB > BC

14 > 9 > 8 > 6 > 5 > 3

2. Kreuze die richtigen Aussagen an!

- [x] Geraden werden mit Kleinbuchstaben bezeichnet.
- [ ] Geraden werden mit Großbuchstaben bezeichnet.
- [x] Strecken kennzeichnet man mit Anfang- und Endpunkt oder Kleinbuchstaben.
- [x] Auf Geraden werden Punkte durch einen kurzen Strich und mit Großbuchstaben bezeichnet.
- [ ] Geraden, die miteinander einen rechten Winkel bilden, verlaufen parallel.
- [x] Geraden, die miteinander einen rechten Winkel bilden, verlaufen senkrecht.

3. Ergänze die Satzanfänge!

a) Man kann Geraden nicht der Länge nach ordnen, **weil sie keinen Anfangs- und Endpunkt haben.**

b) Eine Strecke ist **die kürzeste Linie zwischen zwei Punkten.**

c) Die kürzeste Entfernung eines Punktes von einer Geraden g ist die Strecke, **die senkrecht zur Geraden g steht.**

d) Diese Strecke nennt man **Abstand.**

e) Mit dem Geo-Dreieck kann man **Parallelen und Senkrechte zeichnen.**

4. Welche Form des geometrischen Zeichnens wird hier dargestellt?

a)

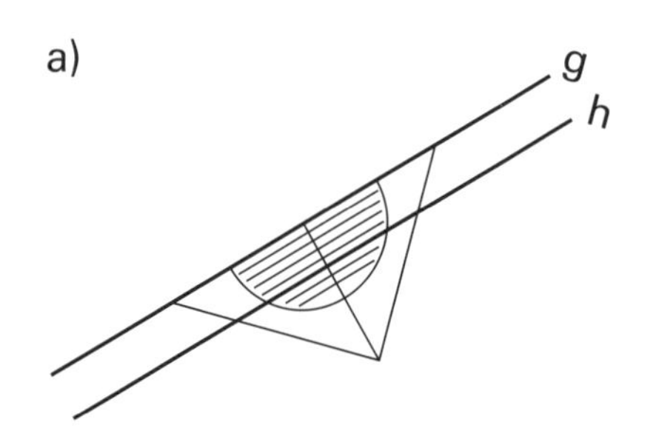

a) **Parallelen zeichnen**

b) **eine Senkrechte zeichnen**

b)

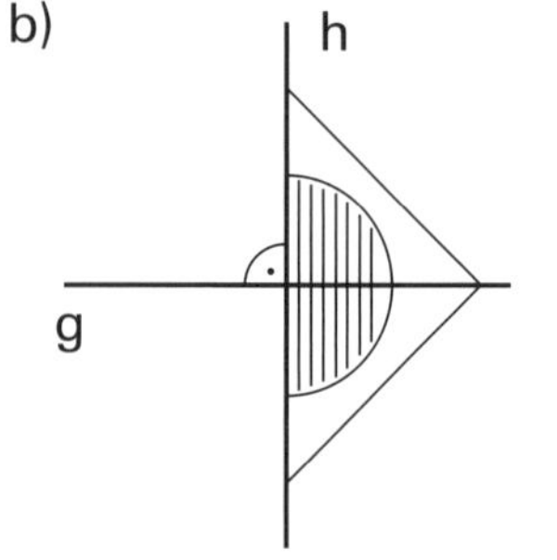

Thema: **2. Geometrie 1**	**Lösung**
Inhalt: 2.3 Gerade – Strecke – Punkt	

5. Ergänze die Seiten zu den angegebenen geometrischen Flächen!

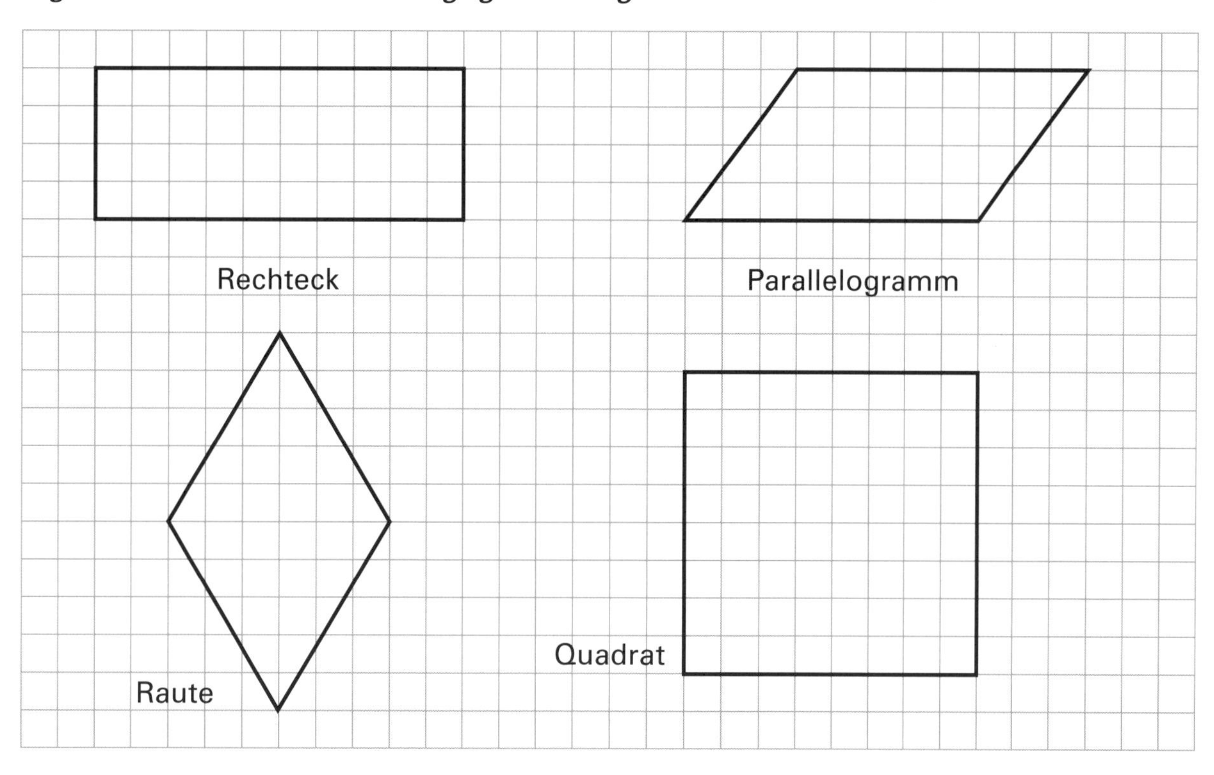

6. Zeichne ein Quadrat (a = 3 cm) und ein Rechteck (a = 6 cm, b = 2 cm)!
Trage dann die Diagonalen ein! Welche der folgenden Aussagen trifft nur auf das Quadrat (Q), welche tritt nur auf das Rechteck (R), welche auf beide zu?

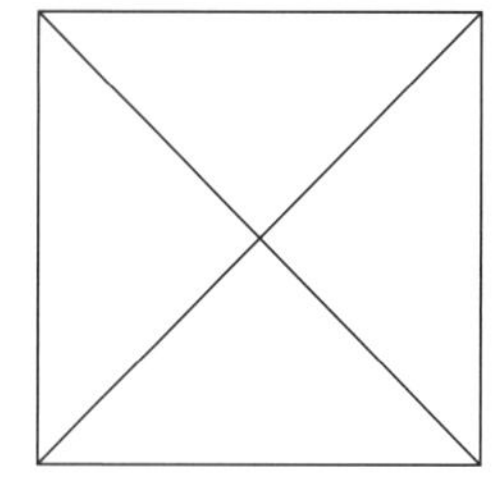

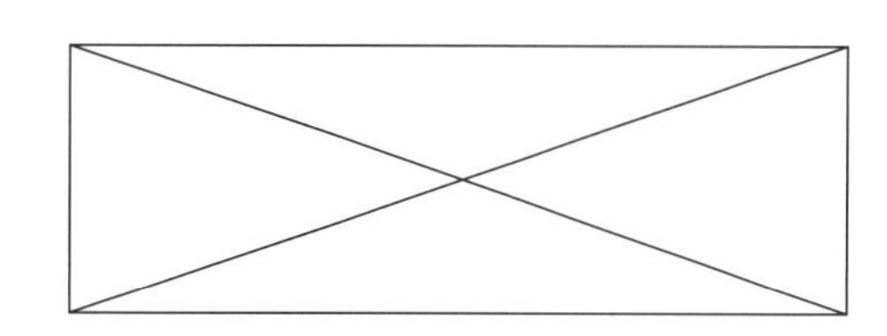

- Die Diagonalen sind gleich lang: **Q und R**
- Die Diagonalen halbieren sich: **Q und R**
- Die Seiten sind gleich lang: **Q**
- Es gibt zweimal zwei gleich lange Seiten: **R**
- Die Diagonalen stehen senkrecht aufeinander: **Q**
- Gegenüberliegende Seiten sind parallel: **Q und R**
- Die Diagonalen sind die längsten Strecken innerhalb der Figur: **Q und R**
- Es gibt zwei Diagonalen: **Q und R**

Thema: 2. Geometrie 1	**Name:**
Inhalt: 2.4 Koordinatensystem – Maßstab	**Klasse:**

1. a) Zeichne ein Rechteck mit der Strecke AB = 2 cm und BC = 4 cm. Es gibt mehrere Möglichkeiten. *Gib jeweils die Koordinaten der einzelnen Rechtecke an!*

b) *Verkleinere das Rechteck im Maßstab 1 : 2!* Der Punkt A' liegt hier bei (9/4).

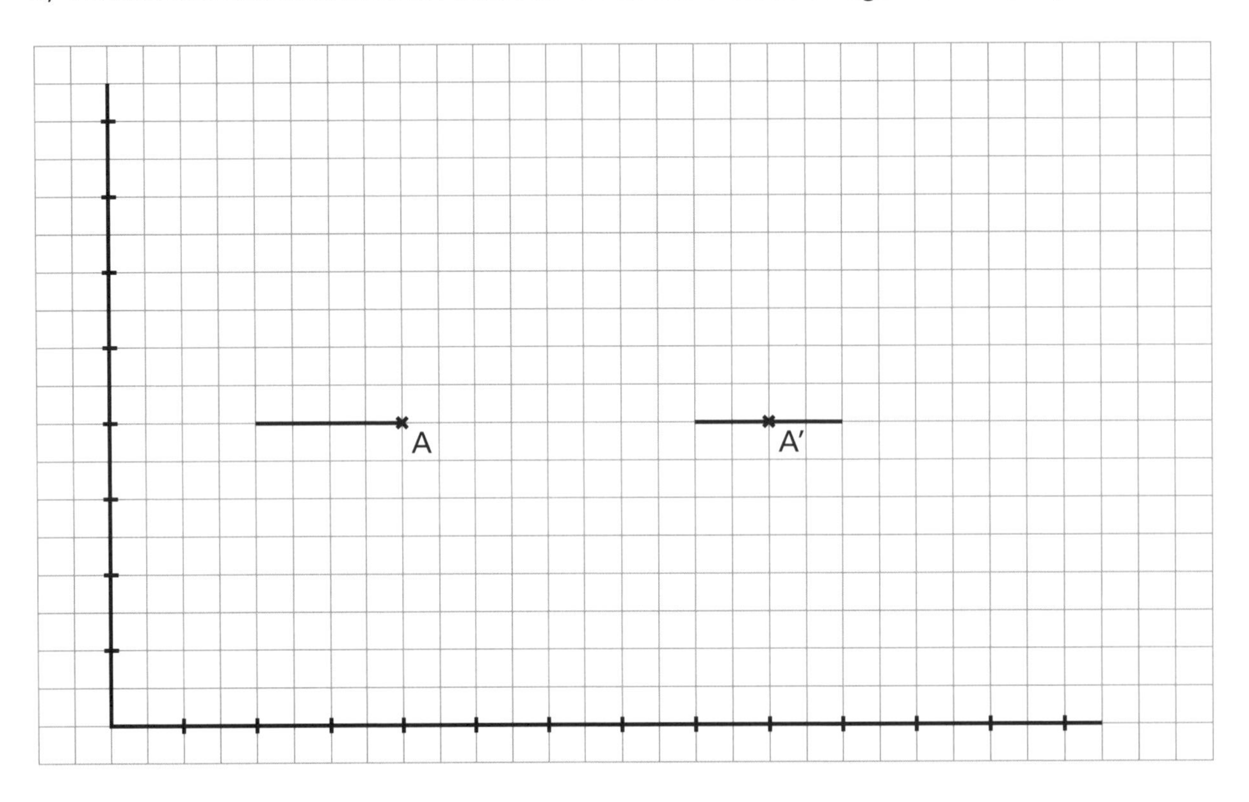

2. In welchem Maßstab sind die jeweiligen Flächen vergrößert bzw. verkleinert?

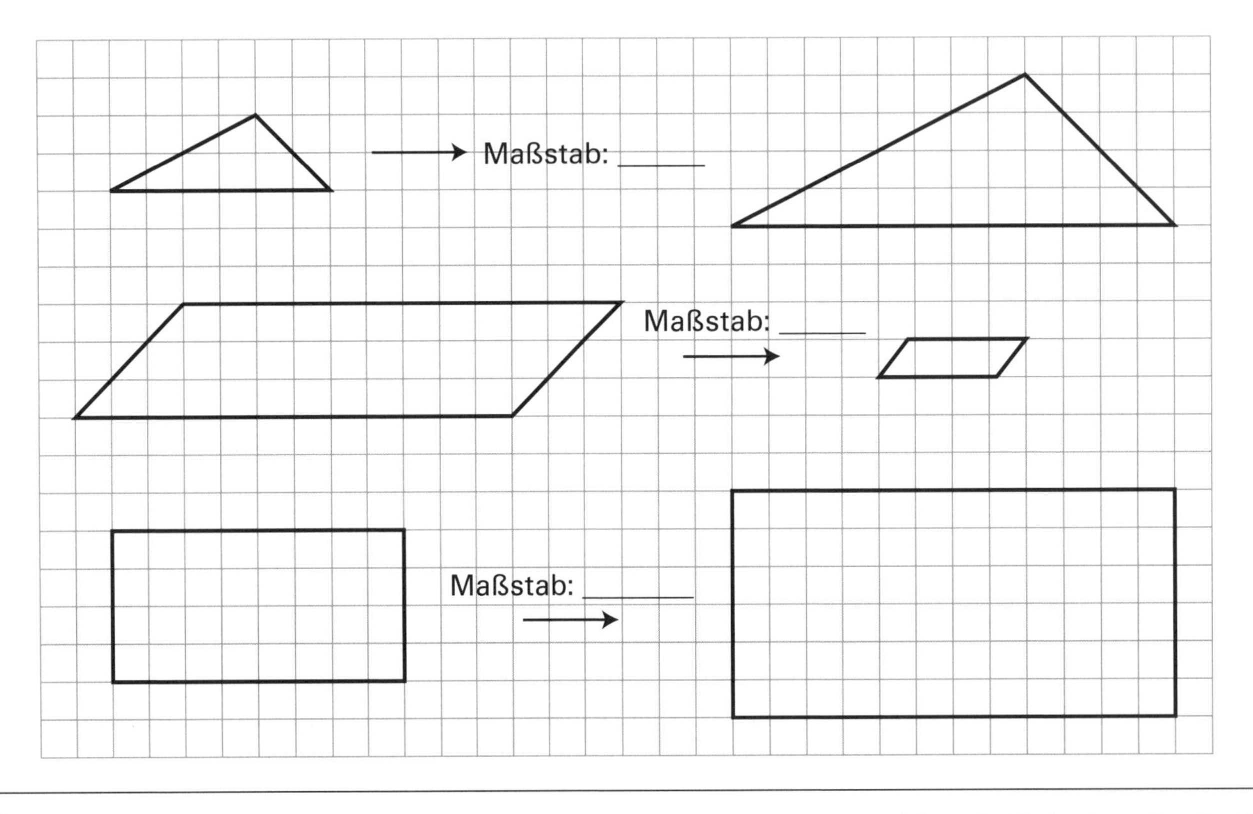

Thema: **2. Geometrie 1**	**Name:**
Inhalt: 2.4 Koordinatensystem – Maßstab	**Klasse:**

3. Ergänze die Punkte zu den angegebenen Flächen und gib die Koordinaten an!

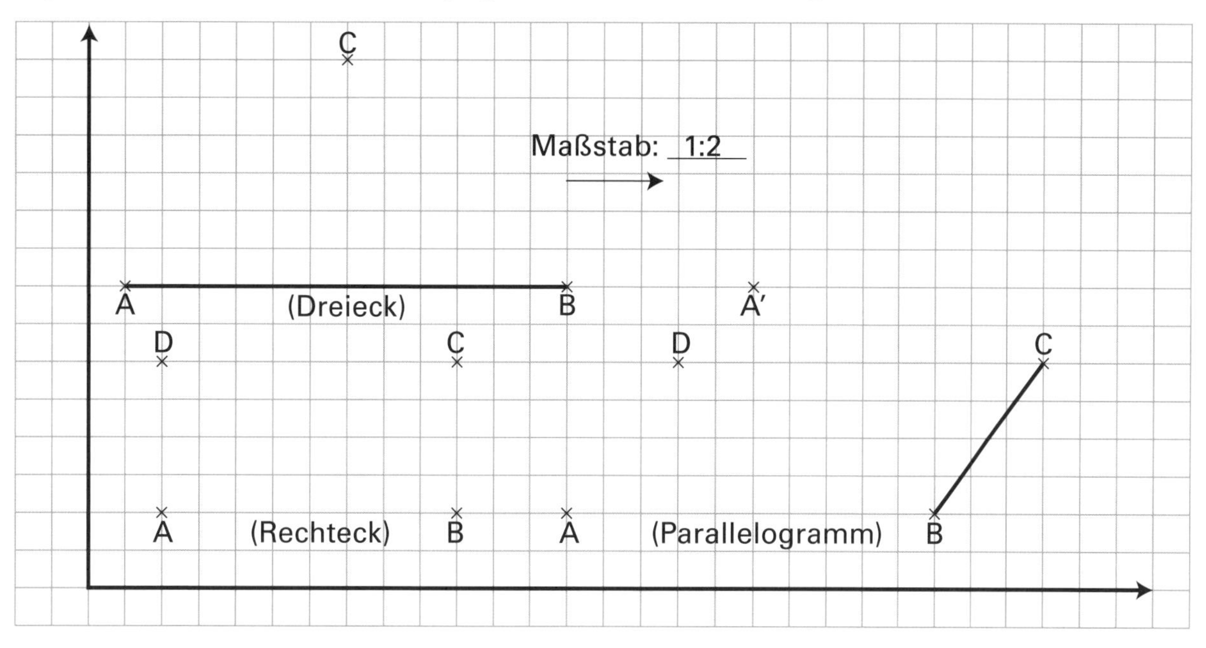

4. a) Zeichne ein Quadrat mit dem Punkt A (1/6) und der Strecke $\overline{AB}$ = 3 cm! Zeichne die Diagonalen ein. In welchem Punkt schneiden sie sich?
b) Zeichne die Strecke CD mit C (1/1) und D (6/1)! Zeichne in der Mitte der Strecke die Senkrechte mit 4 cm Länge! In welchem Punkt endet die Senkrechte?
c) Zeichne die Strecke EF mit E (7/4,5) und F (10/7,5)! Zeichne durch Punkt F eine Senkrechte! Diese Senkrechte läuft durch den Punkt G (11/?).
d) Zeichne eine Strecke LM mit L (7,5/1) und M (12,5/1)! Zeichne die parallele Strecke im Abstand von 1,5 cm und gibt die Koordinaten der Punkte L' und M' an!

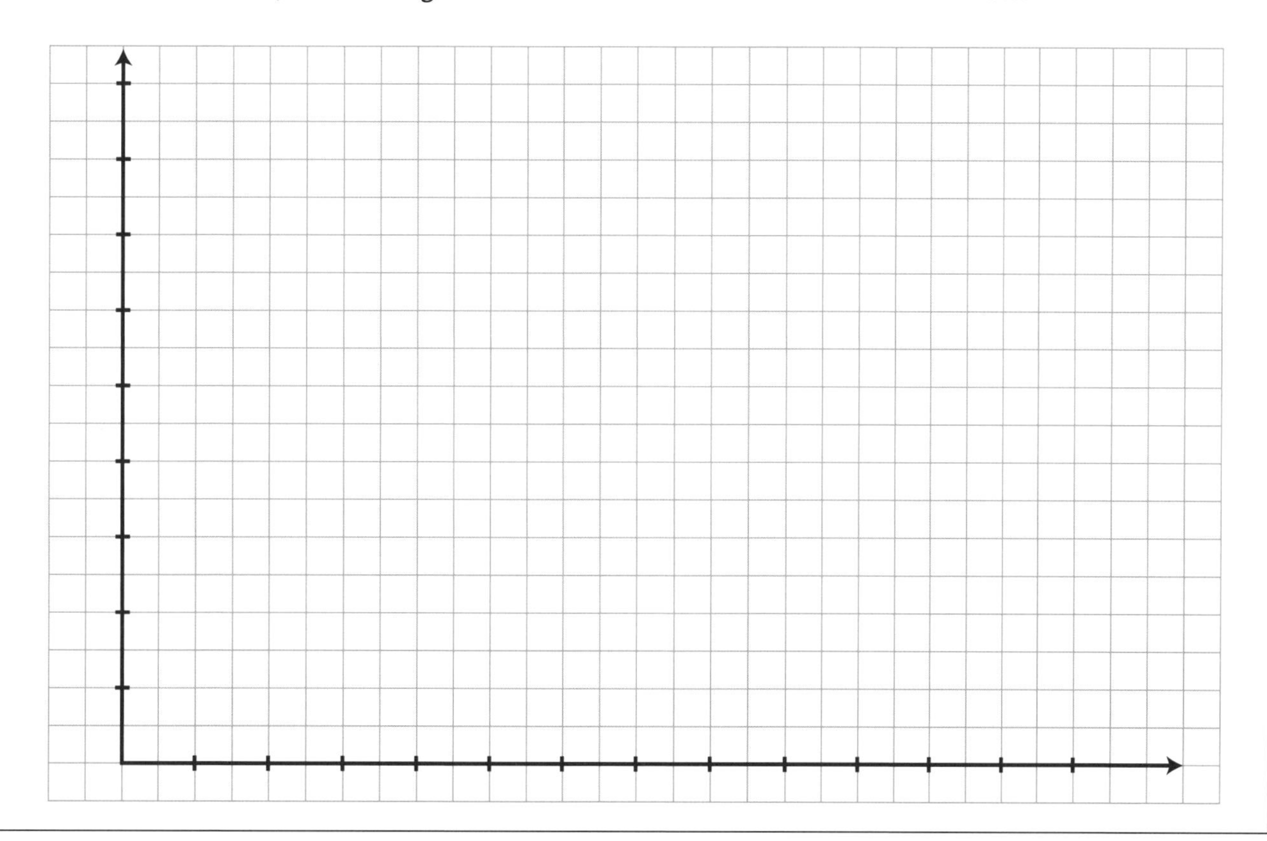

Thema: **2. Geometrie 1**	**Lösung**
Inhalt: 2.4 Koordinatensystem – Maßstab	

1. a) Zeichne ein Rechteck mit der Strecke AB = 2 cm und BC = 4 cm. Es gibt mehrere Möglichkeiten. *Gib jeweils die Koordinaten der einzelnen Rechtecke an!*

b) *Verkleinere das Rechteck im Maßstab 1 : 2!* Der Punkt A' liegt hier bei (9/4).

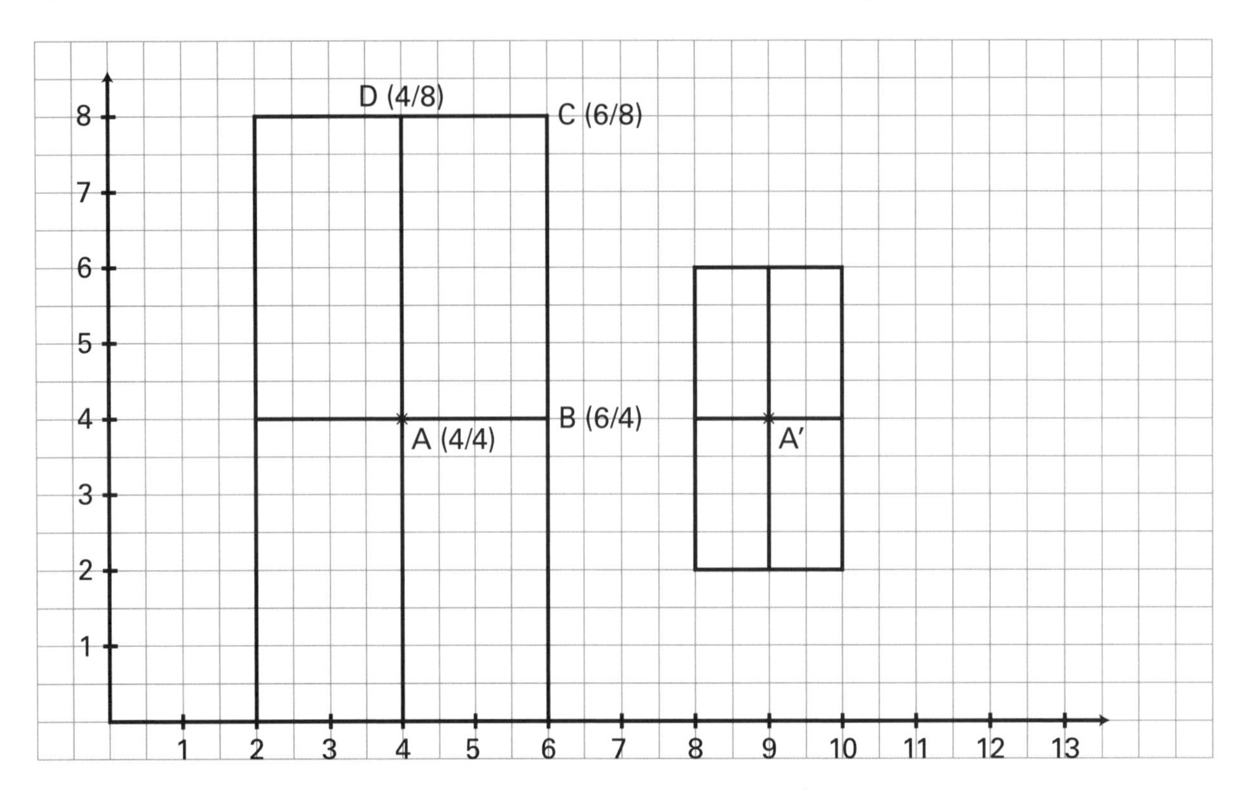

2. In welchem Maßstab sind die jeweiligen Flächen vergrößert bzw. verkleinert?

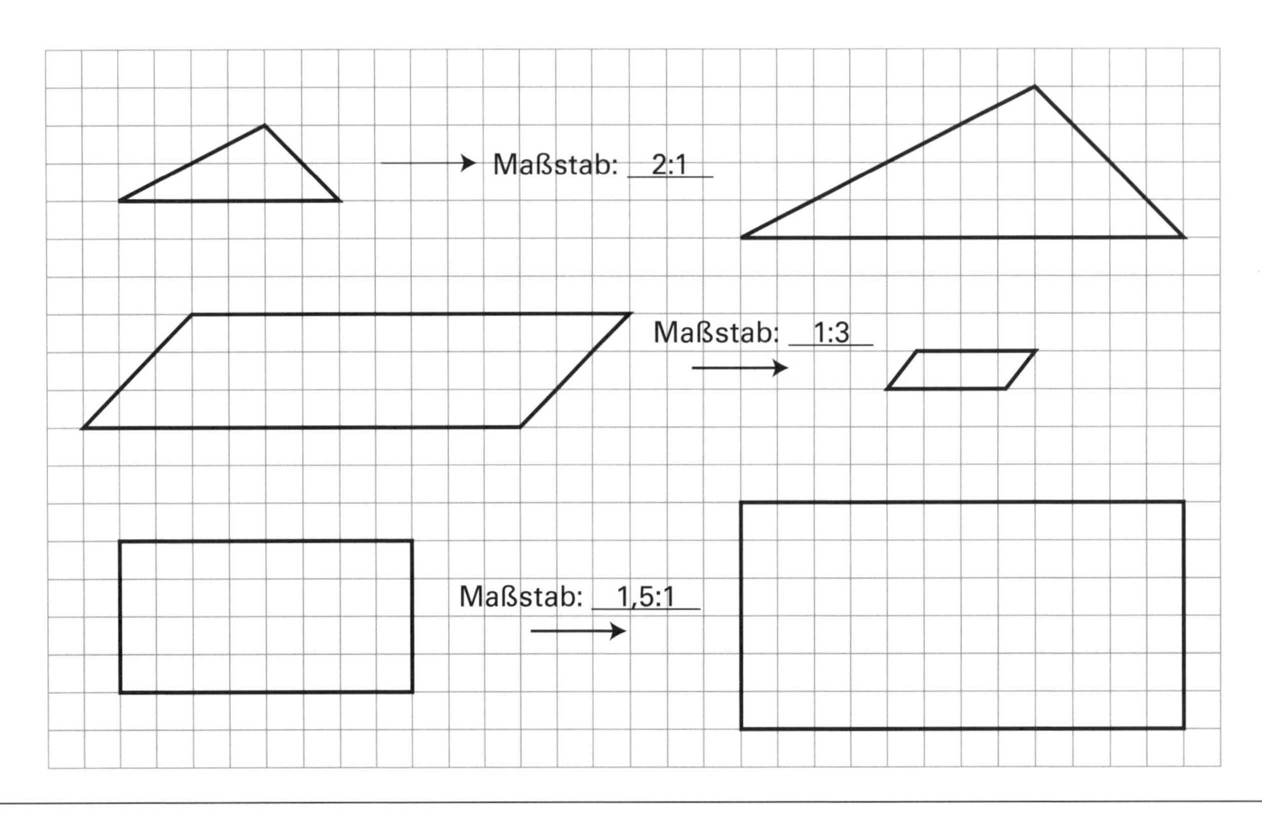

Thema: 2. Geometrie 1	**Lösung**
Inhalt: 2.4 Koordinatensystem – Maßstab	

3. Ergänze die Punkte zu den angegebenen Flächen und gib die Koordinaten an!

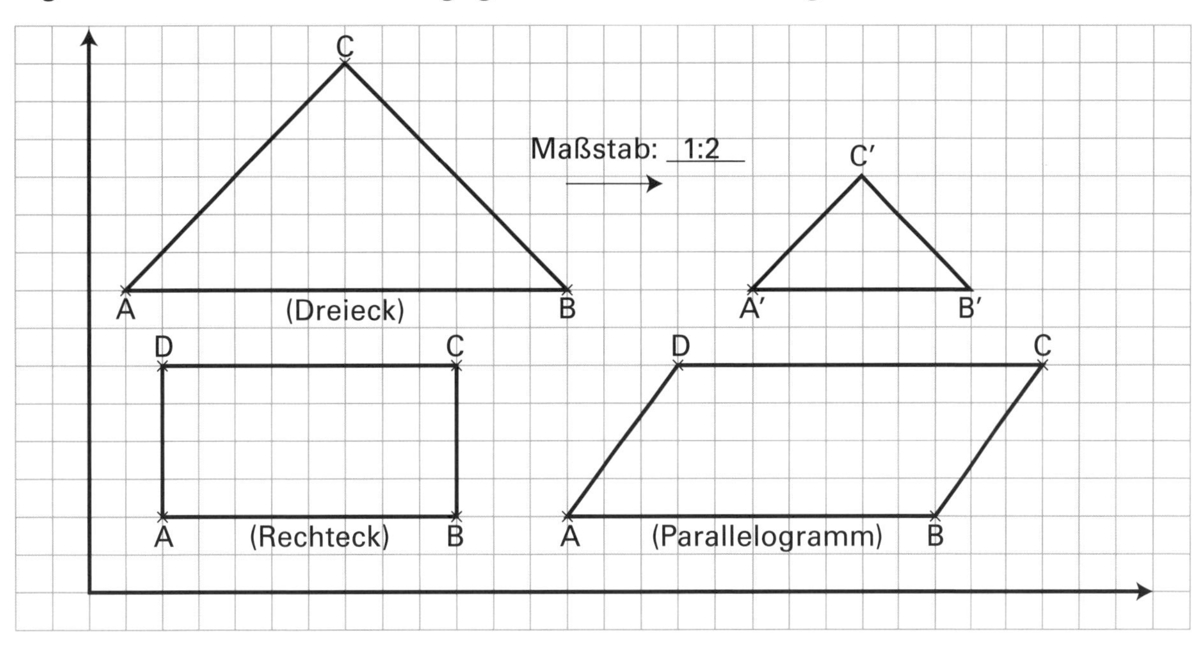

4. a) Zeichne ein Quadrat mit dem Punkt A (1/6) und der Strecke $\overline{AB}$ = 3 cm! Zeichne die Diagonalen ein. In welchem Punkt schneiden sie sich?
b) Zeichne die Strecke CD mit C (1/1) und D (6/1)! Zeichne in der Mitte der Strecke die Senkrechte mit 4 cm Länge! In welchem Punkt endet die Senkrechte?
c) Zeichne die Strecke EF mit E (7/4,5) und F (10/7,5)! Zeichne durch Punkt F eine Senkrechte! Diese Senkrechte läuft durch den Punkt G (11/?).
d) Zeichne eine Strecke LM mit L (7,5/1) und M (12,5/1)! Zeichne die parallele Strecke im Abstand von 1,5 cm und gibt die Koordinaten der Punkte L′ und M′ an!

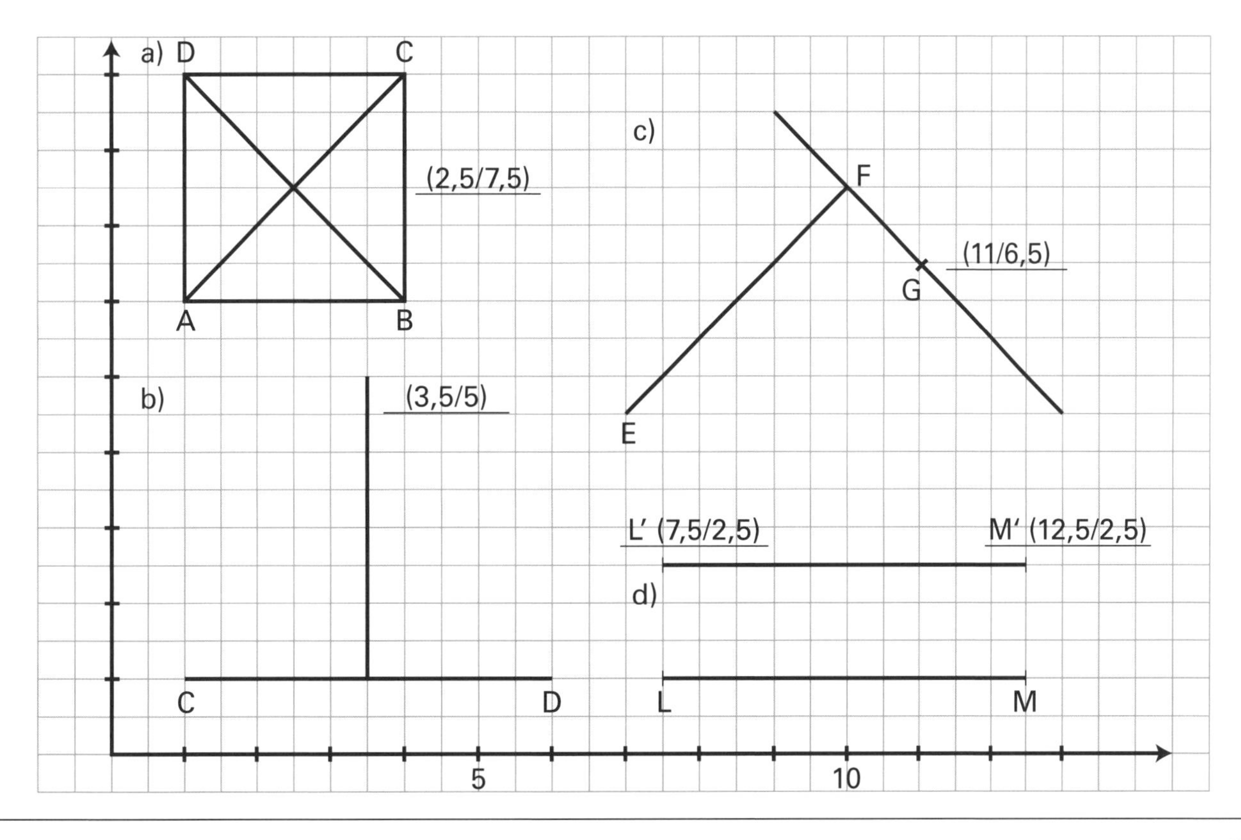

Thema: 2. Geometrie 1	**Name:**
Inhalt: 2.5 Achsenspiegelung	**Klasse:**

1. *Zeichne die Symmetrieachsen ein!*

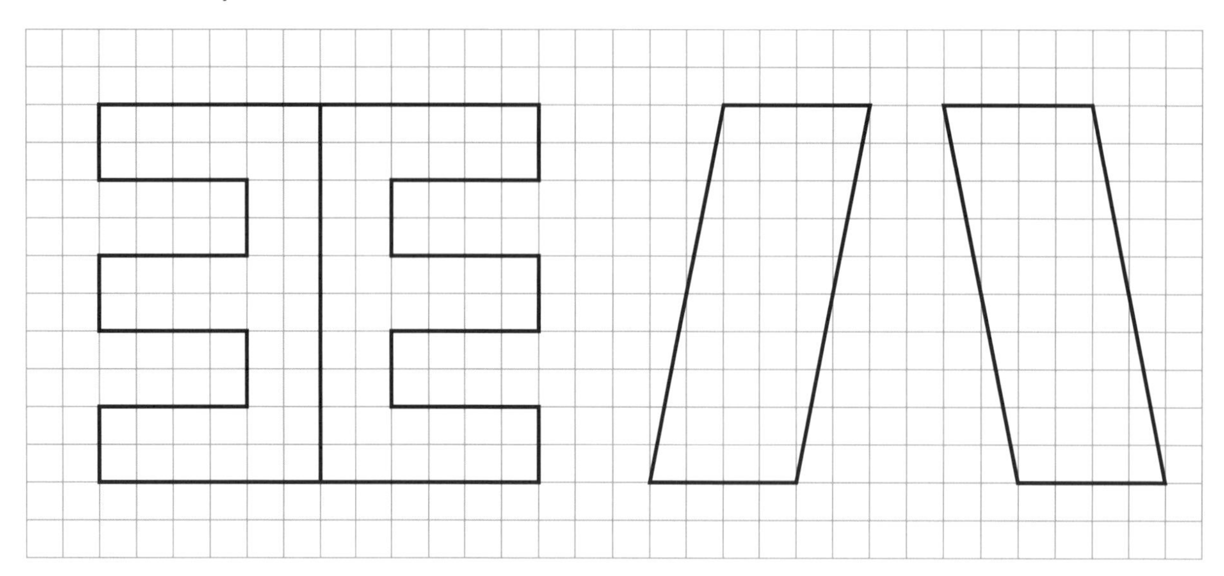

2. *Sind die folgenden Figuren richtig entlang der Symmetrieachse gespiegelt? Wenn nicht, zeichne richtig ein!*

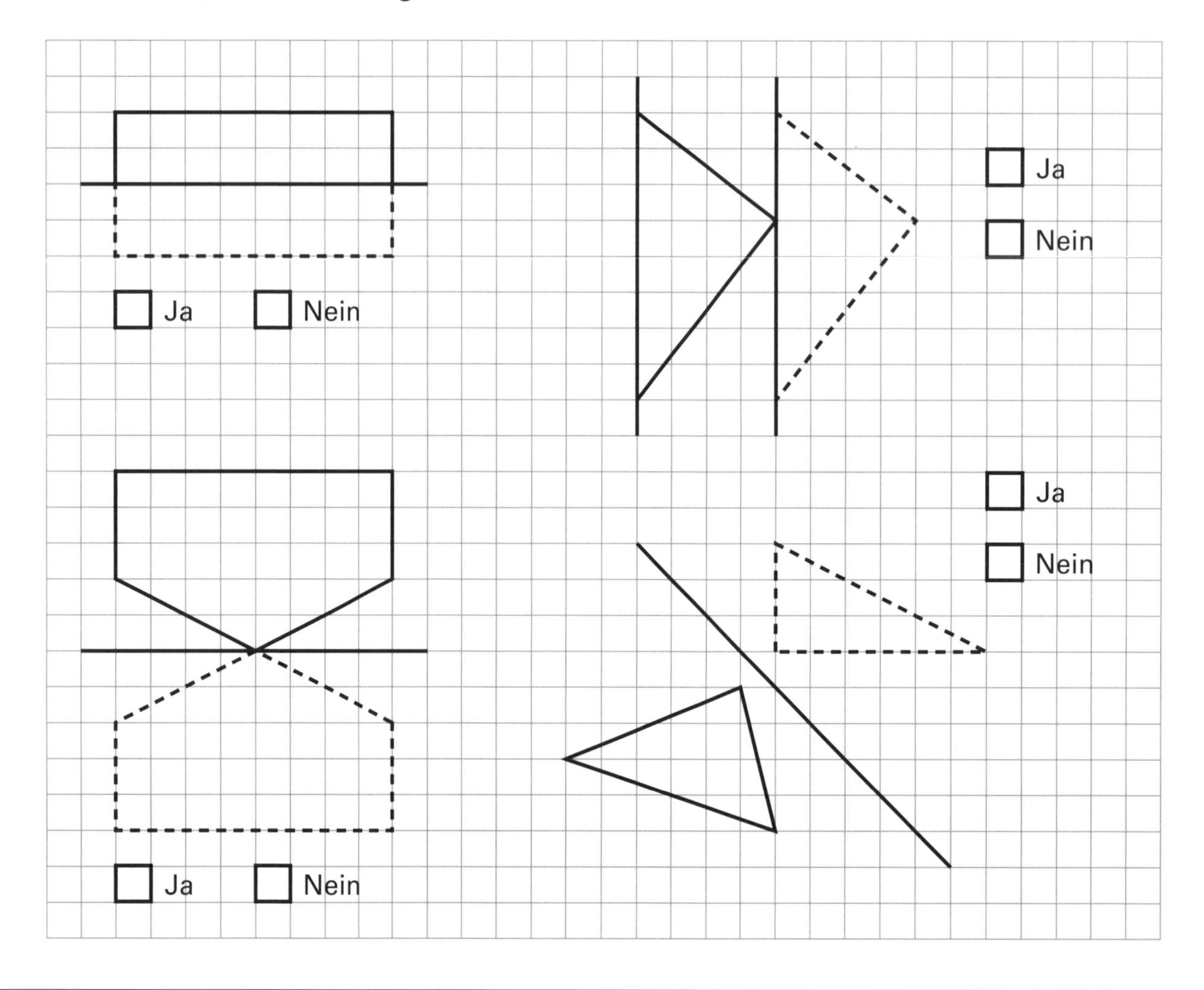

Thema: **2. Geometrie 1**	**Name:**
Inhalt: 2.5 Achsenspiegelung	**Klasse:**

3. Wie viele Symmetrieachsen gibt es? Zeichne sie ein!

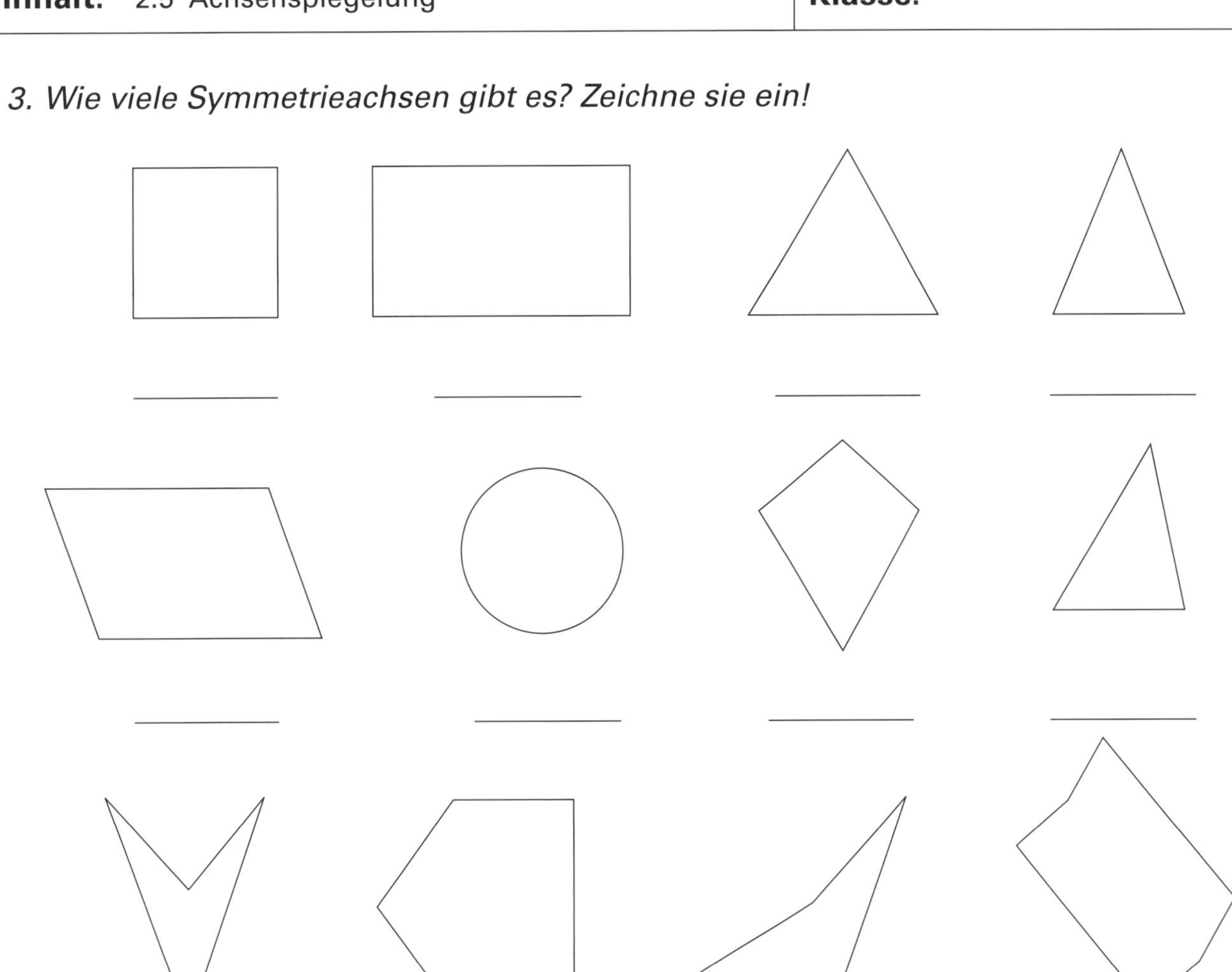

*4. Welche Druckbuchstaben sind achsensymmetrisch?
Zeichne die Symmetrieachsen ein!*

A C B F H E

Z Y X O S T

L M N D R W

Thema: **2. Geometrie 1**	**Lösung**
Inhalt: 2.5 Achsenspiegelung	

1. Zeichne die Symmetrieachsen ein!

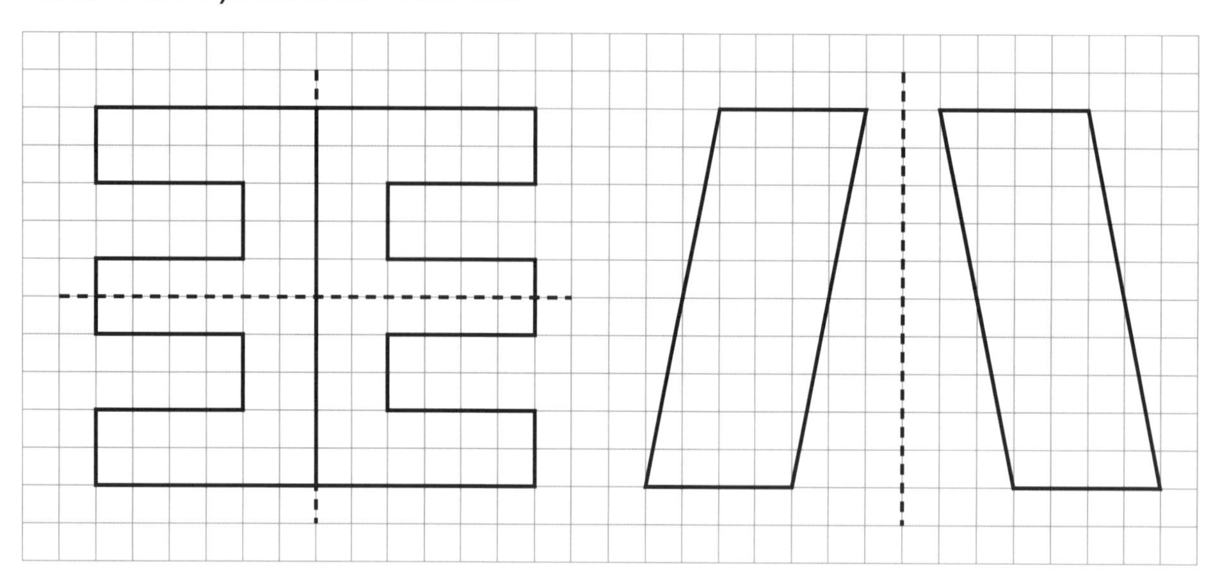

2. Sind die folgenden Figuren richtig entlang der Symmetrieachse gespiegelt? Wenn nicht, zeichne richtig ein!

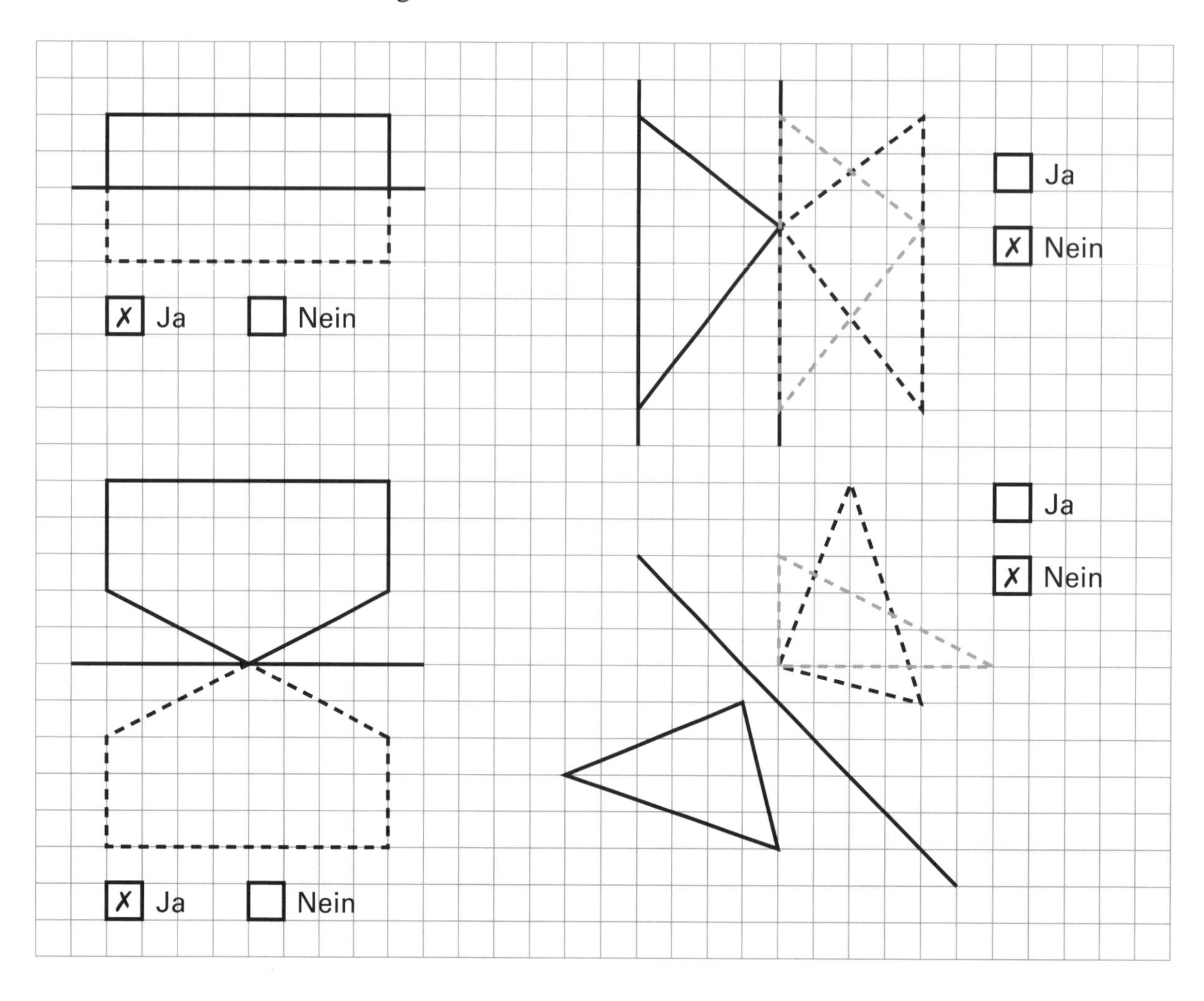

Thema: **2. Geometrie 1**	**Lösung**
Inhalt: 2.5 Achsenspiegelung	

3. Wie viele Symmetrieachsen gibt es? Zeichne sie ein!

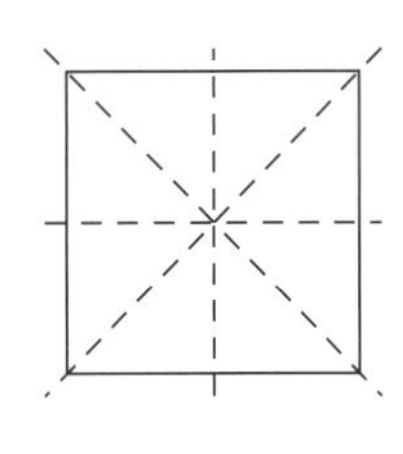

4

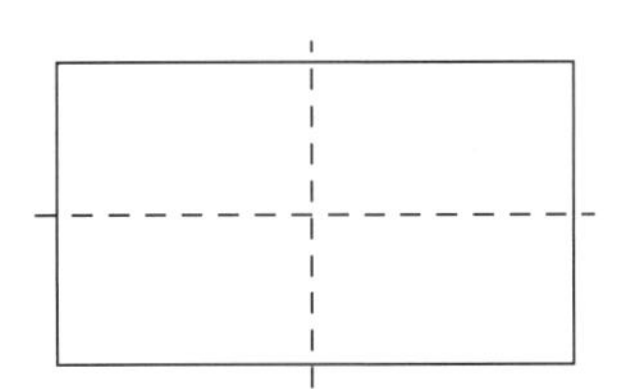

2

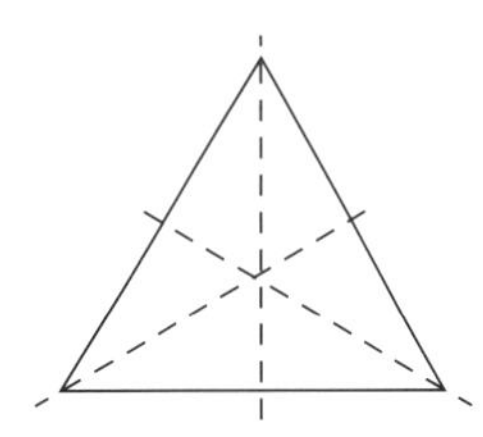

3

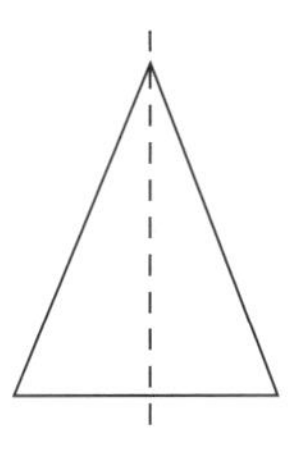

1

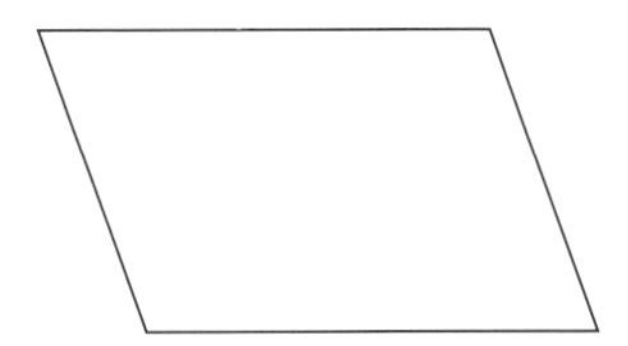

keine

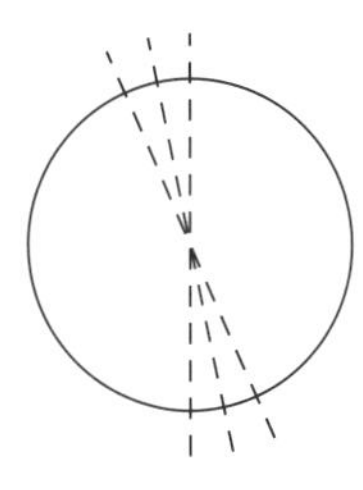

unzählige

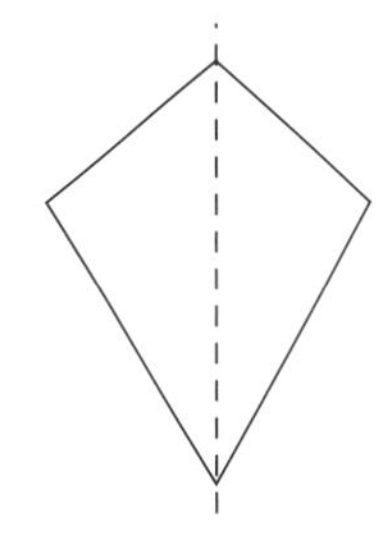

1

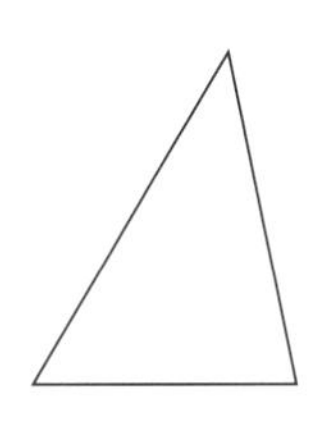

keine

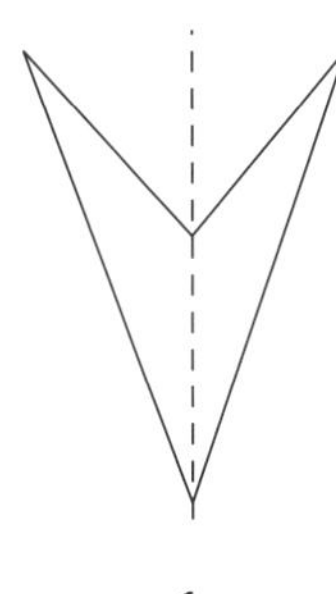

1

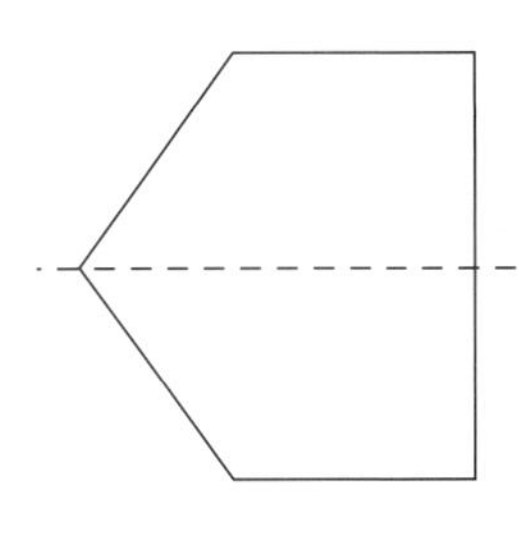

1

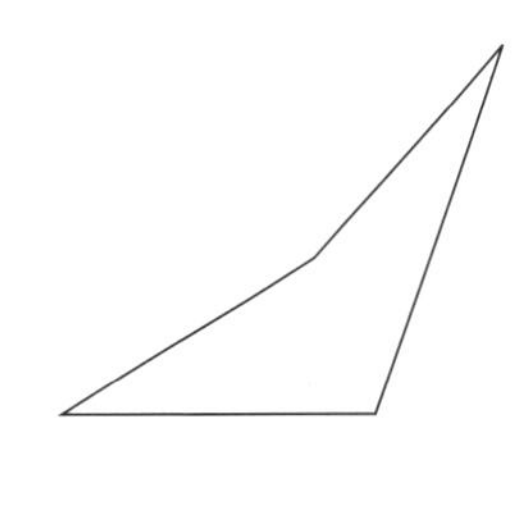

keine

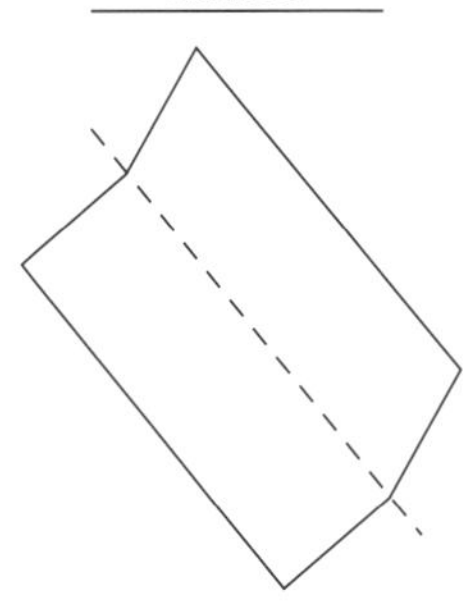

1

4. Welche Druckbuchstaben sind achsensymmetrisch?
Zeichne die Symmetrieachsen ein!

A C B F H E

Z Y X O S T

L M N D R W

Thema: 3. Grundrechenarten	**Name:**
Inhalt: 3.1 Addieren und subtrahieren (1)	**Klasse:**

1. Rechne vorteilhaft im Kopf!

a) 78 + 450 + 32 ______________________

b) 31 + 1040 + 260 ______________________

c) 90 + 87 + 123 ______________________

d) 364 + 54 + + 36 ______________________

e) 17 + 536 + 1003 ______________________

2. Setze die Zahlenreihen um jeweils drei Zahlen fort!

a) 17 * 18 * 20 * 23 * 27 * ______________________

b) 340 * 310 * 281 * 253 * 226 * ______________________

c) 112 * 115 * 121 * 130 * 142 * ______________________

d) 86 * 100 * 90 * 104 * 94 * ______________________

e) 480 * 370 * 460 * 350 * 440 ______________________

3. Hier sind Fehler versteckt. Findest du sie?

	8	4	2	6
		7	8	4
1	2	3	1	9
			6	6
1	1	1	2	
2	1	5	9	5

		4	0	8
	2	3	1	3
	8	9	4	9
7	1	8	8	8
1	2	1	2	
7	3	5	5	8

2	4	3	5	1	0
		9	2	3	7
	4	3	1	8	4
			6	2	5
	1	1	1	1	
2	9	5	5	5	6

	1	6	4	7	1
		5	8	2	3
				6	8
	9	2	6	4	5
	1	2	2	1	
1	1	5	0	0	7

			6	4	7
		8	4	1	2
3	4	2	6	8	9
				7	4
	1	2	2	2	
3	5	0	0	2	2

	3	0	0	0	4
		7	0	5	8
			4	0	3
4	0	2	0	7	9
			1	2	
4	3	9	5	4	4

Thema: 3. Grundrechenarten	Name:
Inhalt: 3.1 Addieren und subtrahieren (1)	Klasse:

4. Formuliere jeweils drei verschiedene Aufgabenstellungen zu den gegebenen Termen/Rechenausdrücken:

a) 2512 + 764

- ______________________________
- ______________________________
- ______________________________

b) 348 – 72

- ______________________________
- ______________________________
- ______________________________

5. Die Zahlenpyramiden weisen leider viele Lücken auf. Welche Zahlen müssen ergänzt werden, wenn die Summe von jeweils nebeneinanderliegenden Zahlen die Zahl ergibt, die darüber steht?

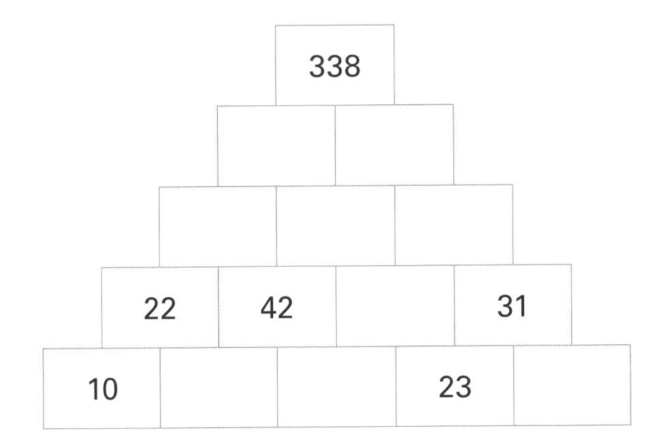

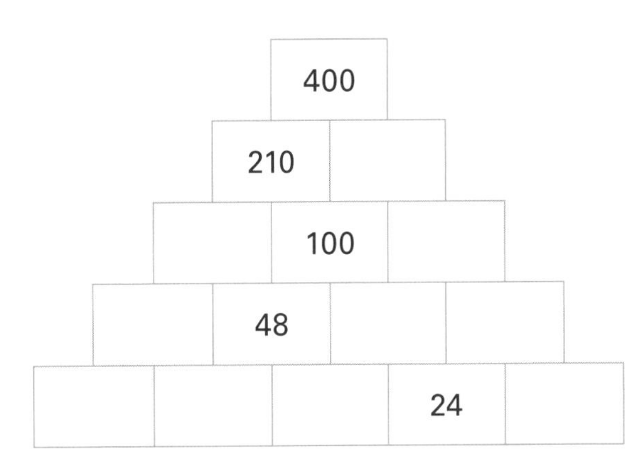

6. Wie viele Ordner sind an der Wand zu sehen? Zähle und schätze (der Rest der dritten, unteren Reihe ist nicht mehr ganz zu sehen)!

____

Thema: 3. Grundrechenarten	**Lösung**
Inhalt: 3.1 Addieren und subtrahieren (1)	

1. Rechne vorteilhaft im Kopf!

a) 78 + 450 + 32 → **78 + 32 = 110** → **+ 450 = 560**

b) 31 + 1040 + 260 → **1040 + 260 = 1300** → **+ 31 = 1331**

c) 90 + 87 + 123 → **123 + 87 = 210** → **+ 90 = 300**

d) 364 + 54 + + 36 → **364 + 36 = 400** → **+ 54 = 454**

e) 17 + 536 + 1003 → **1003 + 17 = 1020** → **+ 536 = 1556**

2. Setze die Zahlenreihen um jeweils drei Zahlen fort!

a) 17 * 18 * 20 * 23 * 27 * **32 * 38 * 45** **(+ 1 + 2 + 3 ...)**

b) 340 * 310 * 281 * 253 * 226 * **200 * 175 * 151** **(– 30 – 29 – 28 ...)**

c) 112 * 115 * 121 * 130 * 142 * **157 * 175 * 196** **(+ 3 + 6 + 9 ...)**

d) 86 * 100 * 90 * 104 * 94 * **108 * 98 * 112** **(+ 14 – 10)**

e) 480 * 370 * 460 * 350 * 440 * **330 * 420 * 310** **(– 110 + 90)**

3. Hier sind Fehler versteckt. Findest du sie?

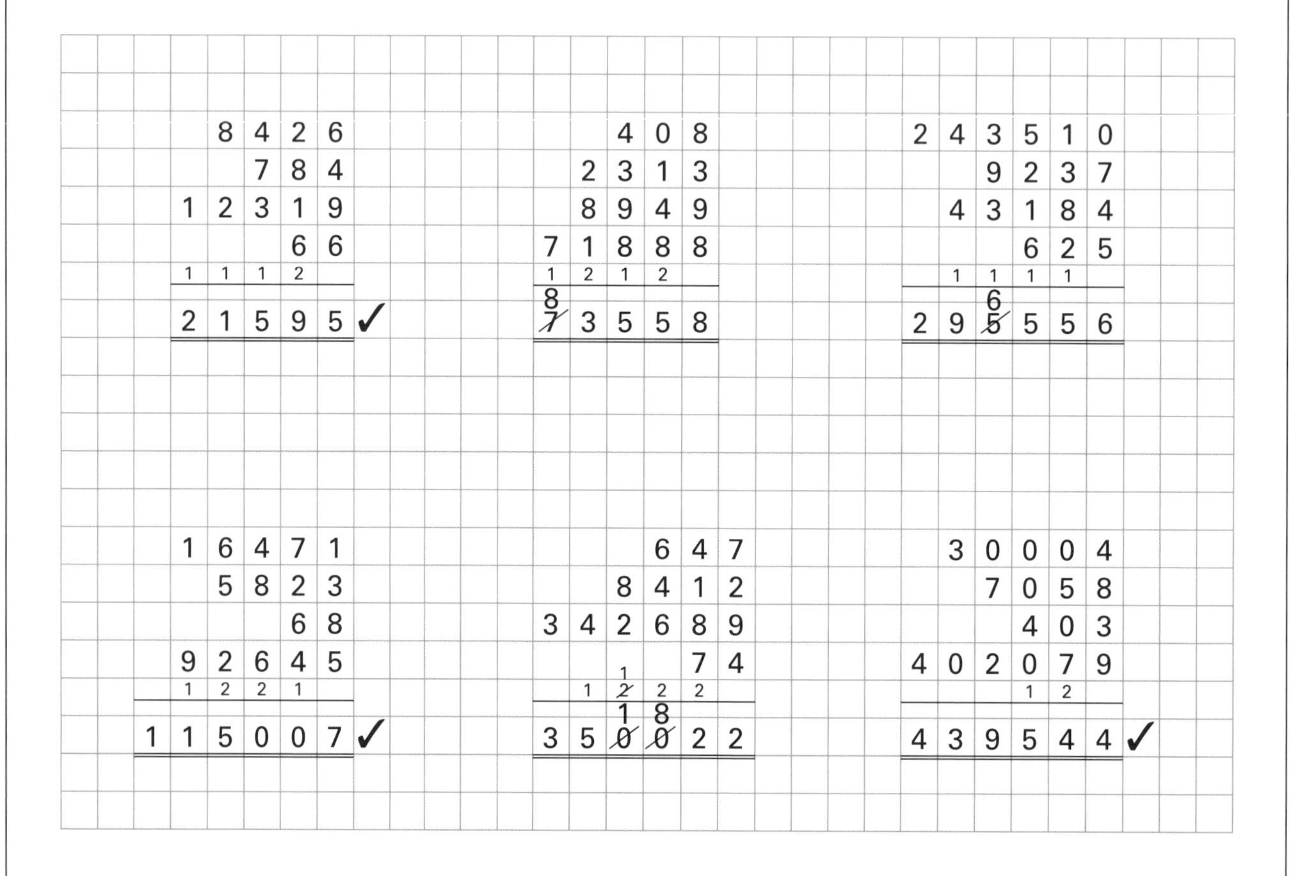

Thema: **3. Grundrechenarten**	**Lösung**
Inhalt: 3.1 Addieren und subtrahieren (1)	

4. Formuliere jeweils drei verschiedene Aufgabenstellungen zu den gegebenen Termen/Rechenausdrücken:

a) 2512 + 764

- **Addiere zu der Zahl 2512 die Zahl 764!**
- **Addiere 764 zu 2512!**
- **Bilde die Summe aus den Zahlen 2512 und 764!**

b) 348 – 72

- **Subtrahiere die Zahl 72 von 348!**
- **Subtrahiere von 348 die Zahl 72!**
- **Bilde die Differenz der Zahlen 348 und 72!**

5. Die Zahlenpyramiden weisen leider viele Lücken auf. Welche Zahlen müssen ergänzt werden, wenn die Summe von jeweils nebeneinanderliegenden Zahlen die Zahl ergibt, die darüber steht?

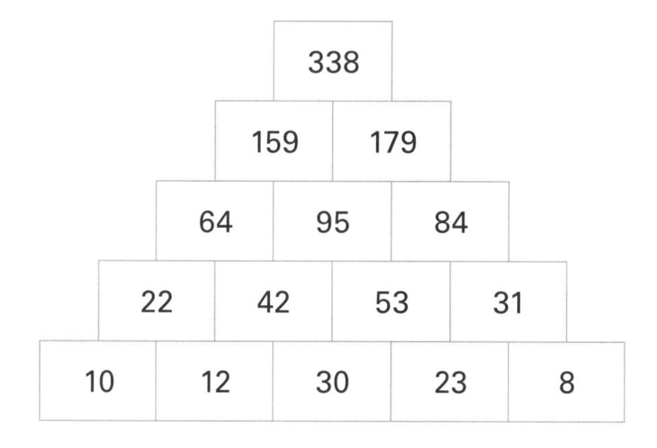

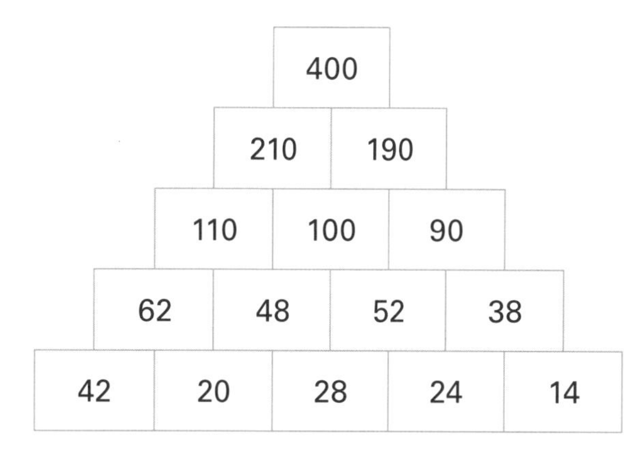

6. Wie viele Ordner sind an der Wand zu sehen? Zähle und schätze (der Rest der dritten, unteren Reihe ist nicht mehr ganz zu sehen)!

ca. 140 Ordner

Thema: 3. Grundrechenarten	**Name:**
Inhalt: 3.2 Addieren und subtrahieren (2)	**Klasse:**

1. *Sudoku: Die Quadrate sollen mit den Ziffern 1 bis 9 gefüllt werden. Dabei gilt: Jede der neun Ziffern muss sowohl in jedem quadratischen Teilfeld (Neuner-Quadrat mit drei mal drei Feldern) als auch in jeder Zeile und in jeder Spalte genau einmal enthalten sein.*

2			4		8	3		6
	4		6					
6			7	5		9	2	
	1							
		7			3			
	5	9					8	1
	9		1		5	2		
	2			4	9	7		8
5	3	4		2				

		8	5		6	7		
3		6	1				2	
			2	3				5
9	4		7	8		6		2
6			3		2			
2		5	4					1
		4		5				
	1			4				9
		3				4	8	

2. *Geldgeschenke zu Weihnachten: Wie viele Euro wurden hier verschenkt? (Es ist immer ein „gerollter" Geldschein.) Schätze so genau wie möglich!*

Antwort: ______________________________

Thema: **3. Grundrechenarten**	**Name:**
Inhalt: 3.2 Addieren und subtrahieren (2)	**Klasse:**

3. Bernhard möchte mit seiner Freundin eine Woche Urlaub in Ägypten verbringen. Sie haben ein passendes Reiseziel ausgewählt und überlegen nun, wie sie ihre Ferienwoche verbringen wollen.
Beide haben für ihre Urlaubswoche 1 000 € eingeplant; mehr darf der Urlaub nicht kosten.

Was könnten sich die beiden unter diesen Voraussetzungen für ihre jeweils 1 000 € „leisten"? Denke daran, dass Essen und Getränke teuer sind! Achte deshalb auch auf „Halbpension" und „All Inclusive"! „Halbpension" bedeutet, dass im Preis das Frühstück und ein Essen pro Tag enthalten ist; bei „All Inclusive" sind alle Getränke und jedes Essen im Preis enthalten.

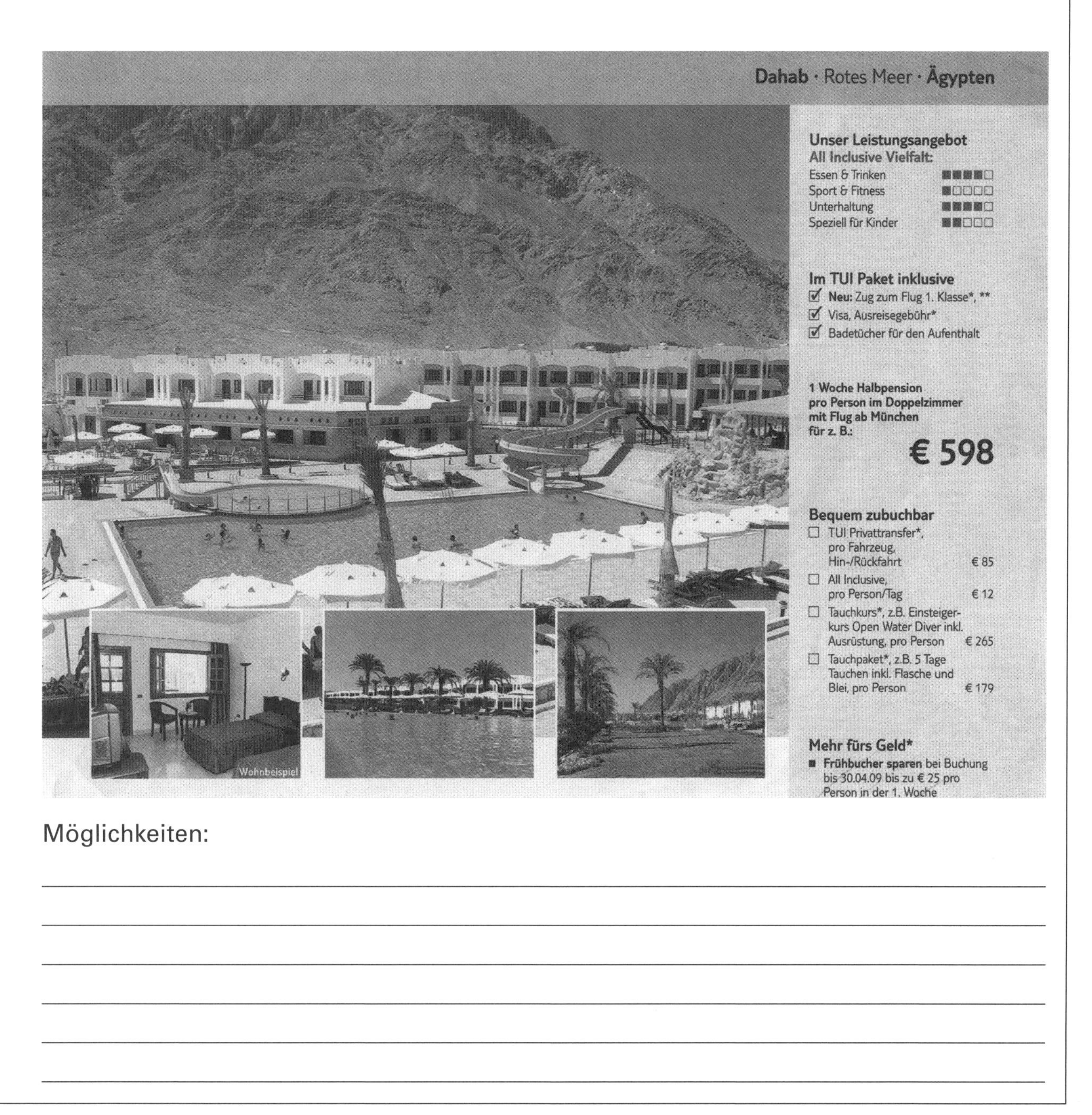

Möglichkeiten:

Thema: 3. Grundrechenarten	**Lösung**
Inhalt: 3.2 Addieren und subtrahieren (2)	

1. *Sudoku: Die Quadrate sollen mit den Ziffern 1 bis 9 gefüllt werden. Dabei gilt: Jede der neun Ziffern muss sowohl in jedem quadratischen Teilfeld (Neuner-Quadrat mit drei mal drei Feldern) als auch in jeder Zeile und in jeder Spalte genau einmal enthalten sein.*

2	7	5	4	9	8	3	1	6
9	4	1	6	3	2	8	7	5
6	8	3	7	5	1	9	2	4
4	1	2	9	8	6	5	3	7
8	6	7	5	1	3	4	9	2
3	5	9	2	7	4	6	8	1
7	9	8	1	6	5	2	4	3
1	2	6	3	4	9	7	5	8
5	3	4	8	2	7	1	6	9

1	2	8	5	9	6	7	4	3
3	5	6	1	7	4	9	2	8
4	7	9	2	3	8	1	6	5
9	4	1	7	8	5	6	3	2
6	8	7	3	1	2	5	9	4
2	3	5	4	6	9	8	7	1
7	9	4	8	5	3	2	1	6
8	1	2	6	4	7	3	5	9
5	6	3	9	2	1	4	8	7

2. *Geldgeschenke zu Weihnachten: Wie viele Euro wurden hier verschenkt? (Es ist immer ein „gerollter" Geldschein.) Schätze so genau wie möglich!*

Antwort: **ca. 300 €**

Thema: 3. Grundrechenarten	**Lösung**
Inhalt: 3.2 Addieren und subtrahieren (2)	

3. Bernhard möchte mit seiner Freundin eine Woche Urlaub in Ägypten verbringen. Sie haben ein passendes Reiseziel ausgewählt und überlegen nun, wie sie ihre Ferienwoche verbringen wollen.
Beide haben für ihre Urlaubswoche 1 000 € eingeplant; mehr darf der Urlaub nicht kosten.

Was könnten sich die beiden unter diesen Voraussetzungen für ihre jeweils 1 000 € „leisten"? Denke daran, dass Essen und Getränke teuer sind! Achte deshalb auch auf „Halbpension" und „All Inclusive"! „Halbpension" bedeutet, dass im Preis das Frühstück und ein Essen pro Tag enthalten ist; bei „All Inclusive" sind alle Getränke und jedes Essen im Preis enthalten.

Möglichkeiten:

- 598 € für 1 Woche Halbpension + 7 · 12 € All Inclusive + 265 € Tauchkurs = 947 €
  (Bleiben noch 53 € für sonstige Ausgaben übrig; Essen und Getränke sind bezahlt.)
- 598 € für 1 Woche Halbpension + 179 € Tauchpaket = 777 €.
  Jetzt müssen noch pro Tag ein Essen und die Getränke berücksichtigt werden; dafür stehen noch 223 € zur Verfügung.
- ...

Thema: 3. Grundrechenarten	**Name:**
Inhalt: 3.3 Multiplizieren und dividieren (1)	**Klasse:**

1. Ermittle den Überschlag! Vergleiche dann mit der Lösung!

a) 48 · 12 → ________________ (= 576)

b) 684 · 23 → ________________ (= 15732)

c) 14338 : 67 → ________________ (= 214)

d) 1025 : 41 → ________________ (= 25)

e) 39 · 62 → ________________ (= 2418)

f) 35568 : 39 → ________________ (= 912)

2. Richtig gerechnet? Rechne nach!

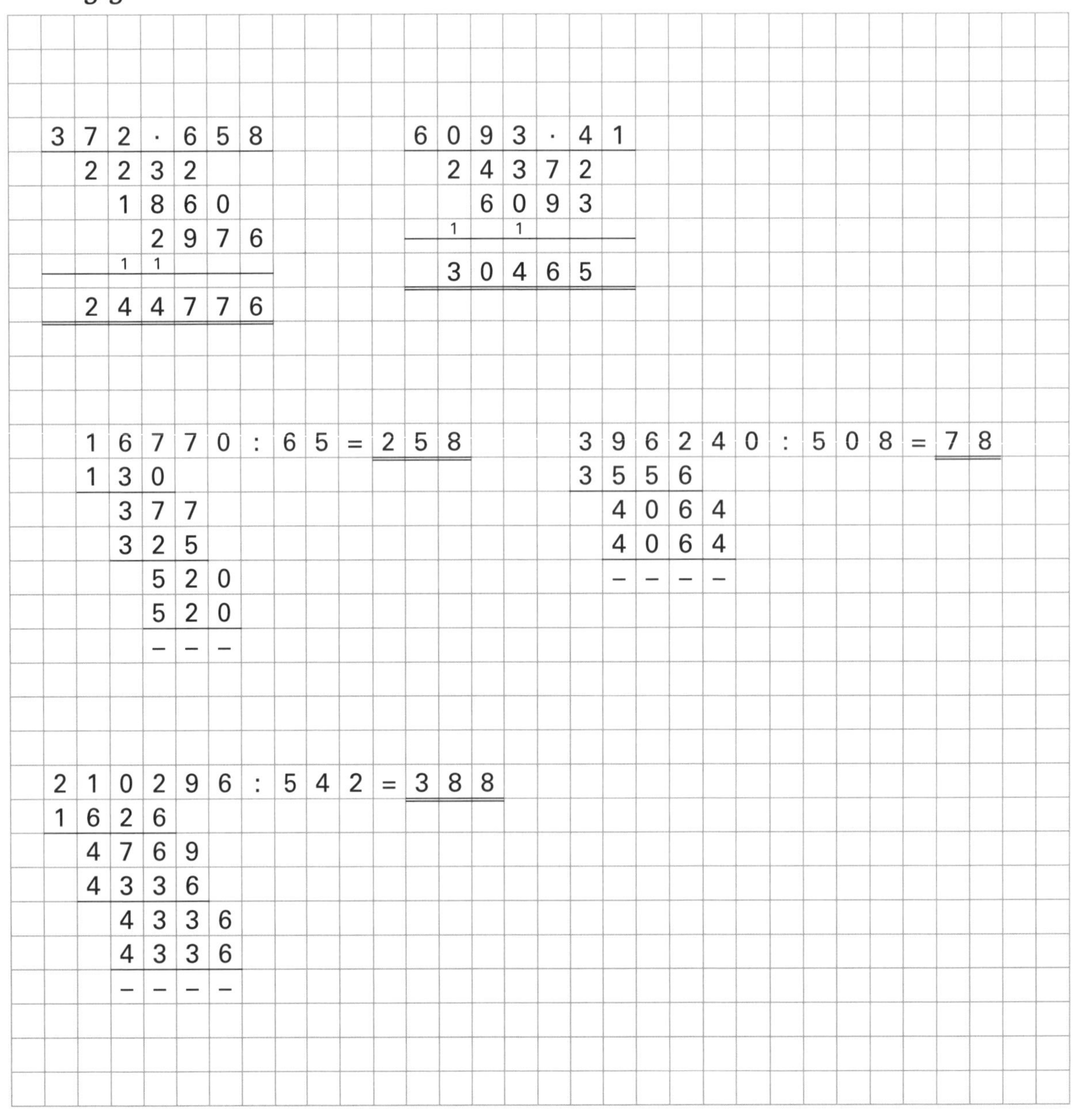

Thema: 3. **Grundrechenarten**	**Name:**
Inhalt: 3.3 Multiplizieren und dividieren (1)	**Klasse:**

3. Hier wird berechnet (verwende die Fachbegriffe!):

$84 \cdot 42$ → ______________________

$84 + 42$ → ______________________

$84 : 42$ → ______________________

$84 - 42$ → ______________________

4. Kreuze die zur Rechnung gehörende Aufgabenstellung an!

a) $24 : 4 = 6$

- ☐ Die 24 Schüler der Klasse 5a werden zu Gruppen mit jeweils 4 Schülern aufgeteilt.
- ☐ Die 24 Schüler der Klasse 5a werden zu Gruppen mit jeweils 6 Schülern aufgeteilt.

b) 12 € · 245 =

- ☐ Wie hoch sind die Ausgaben, wenn die 12 Mitarbeiter der Firma jeweils 245 € mehr pro Monat verdienen?
- ☐ Wie hoch sind die Ausgaben, wenn jeder Mitarbeiter eine Sonderzahlung von 12 € erhält?

c) 156 kg – 36 kg = 120 kg

- ☐ Wie viele Kilogramm Zucker sind noch vorhanden, wenn an diesem Tag 120 kg aus dem Vorratslager entnommen wurden?
- ☐ Wie viele Kilogramm Zucker sind noch vorhanden, wenn an diesem Tag 36 kg Zucker aus dem Vorratslager entnommen wurden?

d) $42 + (125 - 17) =$

- ☐ Bilde die Summe aus 42 und 125; subtrahiere davon die Zahl 17!
- ☐ Subtrahiere von der Zahl 17 die Summe aus 42 und 125!
- ☐ Addiere die Differenz der Zahlen 125 und 17 zu der Zahl 42!

5. Formuliere die Aufgabenstellung!

$(78 + 52) : 13 \cdot 12 - (90 - 75) =$

____

____

Thema: 3. Grundrechenarten	**Lösung**
Inhalt: 3.3 Multiplizieren und dividieren (1)	

1. Ermittle den Überschlag! Vergleiche dann mit der Lösung!

a) 48 · 12 → **50 · 10 = 500** (= 576)

b) 684 · 23 → **700 · 20 = 14000** (= 15732)

c) 14338 : 67 → **14000 : 70 = 200** (= 214)

d) 1025 : 41 → **1000 : 40 = 25** (= 25)

e) 39 · 62 → **40 · 60 = 2400** (= 2418)

f) 35568 : 39 → **36000 : 40 = 900** (= 912)

2. Richtig gerechnet? Rechne nach!

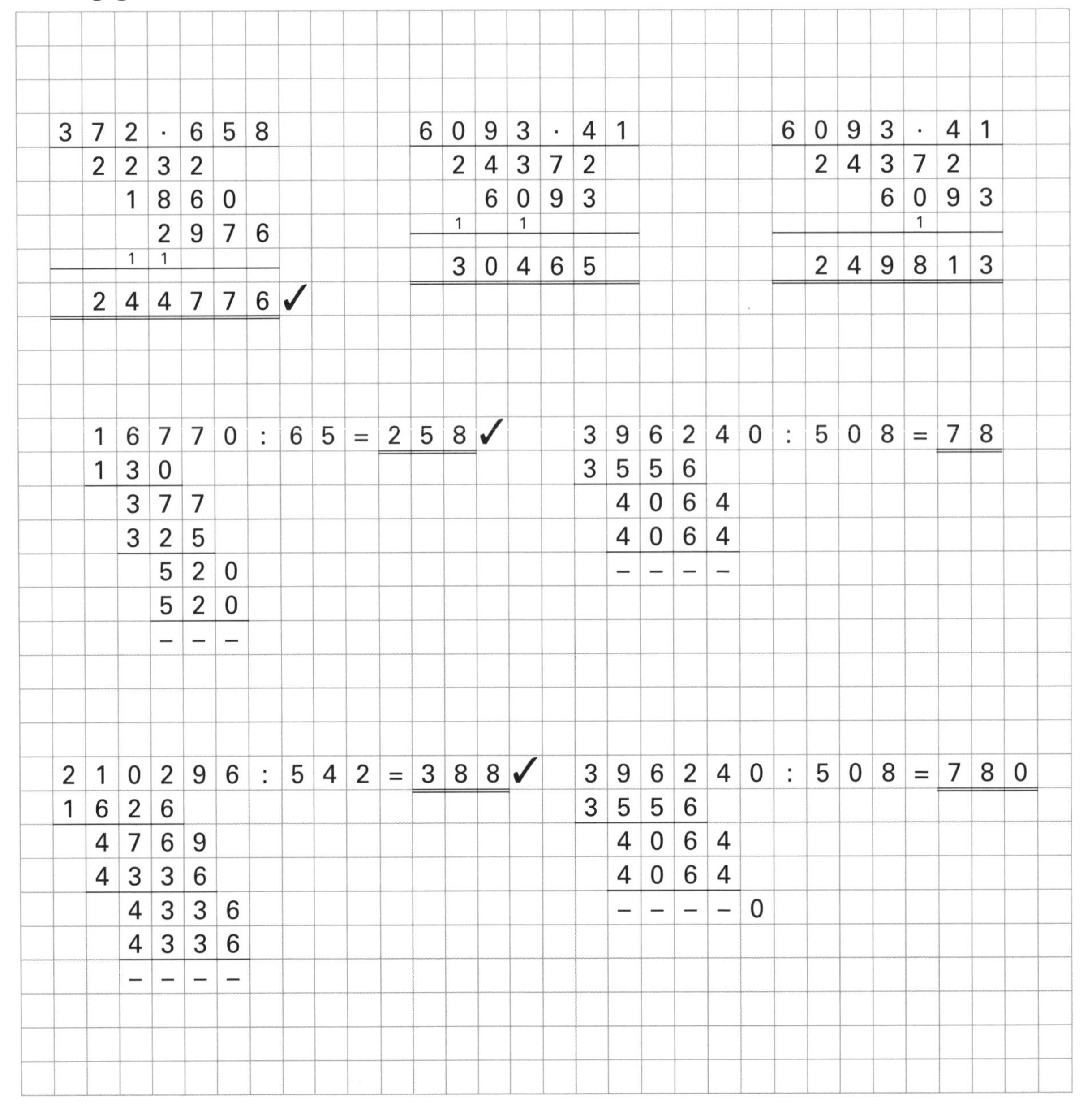

Thema: 3. **Grundrechenarten**	**Lösung**
Inhalt: 3.3 Multiplizieren und dividieren (1)	

3. Hier wird berechnet (verwende die Fachbegriffe!):

84 · 42 → **das Produkt**

84 + 42 → **die Summe**

84 : 42 → **der Quotient**

84 – 42 → **die Differenz**

4. Kreuze die zur Rechnung gehörende Aufgabenstellung an!

a) 24 : 4 = 6

- [x] Die 24 Schüler der Klasse 5a werden zu Gruppen mit jeweils 4 Schülern aufgeteilt.
- [ ] Die 24 Schüler der Klasse 5a werden zu Gruppen mit jeweils 6 Schülern aufgeteilt.

b) 12 € · 245 =

- [ ] Wie hoch sind die Ausgaben, wenn die 12 Mitarbeiter der Firma jeweils 245 € mehr pro Monat verdienen?
- [x] Wie hoch sind die Ausgaben, wenn jeder Mitarbeiter eine Sonderzahlung von 12 € erhält?

c) 156 kg – 36 kg = 120 kg

- [ ] Wie viele Kilogramm Zucker sind noch vorhanden, wenn an diesem Tag 120 kg aus dem Vorratslager entnommen wurden?
- [x] Wie viele Kilogramm Zucker sind noch vorhanden, wenn an diesem Tag 36 kg Zucker aus dem Vorratslager entnommen wurden?

d) 42 + (125 – 17) =

- [ ] Bilde die Summe aus 42 und 125; subtrahiere davon die Zahl 17!
- [ ] Subtrahiere von der Zahl 17 die Summe aus 42 und 125!
- [x] Addiere die Differenz der Zahlen 125 und 17 zu der Zahl 42!

5. Formuliere die Aufgabenstellung!

(78 + 52) : 13 · 12 – (90 – 75) =

Dividiere die Summe aus 78 und 52 durch die Zahl 13; multipliziere das Ergebnis mit 12 und subtrahiere dann die Differenz aus 90 und 75!

Thema: 3. Grundrechenarten	**Name:**
Inhalt: 3.4 Multiplizieren und dividieren (2)	**Klasse:**

1. Von einer 14 kg schweren Kabelrolle, die 110 m Kabel enthält, werden zweimal 12 m, dreimal 7 m und fünfmal 6 m lange Kabelstücke abgeschnitten.
Wie viele Stücke zu jeweils 5 m kann man anschließend noch abschneiden?

____

____

____

____

Antwortsatz: ______________________________

2. Florian freut sich auf die Fernsehübertragung seines Lieblingsfußballvereins um 20.30 Uhr. Wie lange muss er um 16.00 Uhr noch warten?
Kreuze die richtigen Antworten an!

☐ 270 min ☐ $4\frac{1}{4}$ h

☐ 4 h 30 min ☐ 260 min

☐ $4\frac{1}{2}$ h ☐ Dreieinhalb Stunden

3. *Wie viele Fenster sind bei diesem Büroturm auf der Vorderseite zu sehen? Beschreibe deine Rechnung und begründe dein Vorgehen!*

____

____

____

____

____

____

Thema: **3. Grundrechenarten**	**Name:**
Inhalt: 3.4 Multiplizieren und dividieren (2)	**Klasse:**

4. Eine vollkommene Zahl ist eine Zahl, die gleich der Summe ihrer echten Teiler ist, d. h. der Summe all ihrer Teiler, sie selbst ausgenommen.
Im Zahlenraum bis 30 gibt es zwei vollkommene Zahlen. *Findest du sie?*

Die erste vollkommene Zahl ist die ______________________________

Die zweite vollkommene Zahl ist die ______________________________

5. Die Inka führten ihre Archive in Form eines komplizierten Systems verknoteter Schnüre. Ein quipu (Knoten) bestand aus einer Hauptschnur, die ungefähr einen halben Meter lang war, an die dünnere Schnüre geknüpft waren.
Welche Zahl ist nach dieser Methode auf der Schnur dargestellt?
Welches ist die nach dieser Methode größte darstellbare Zahl?

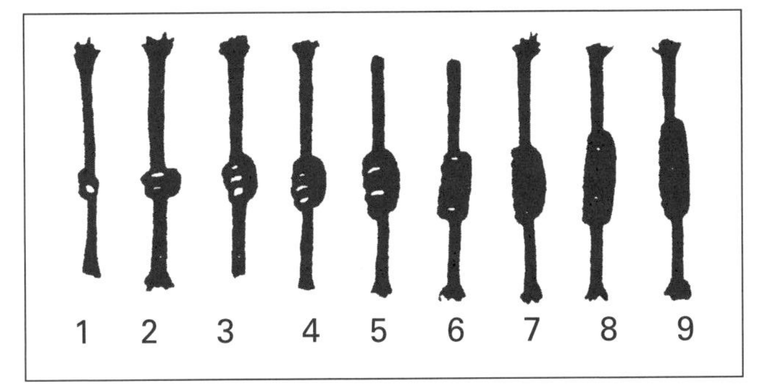

Darstellung der Zahlen 1 bis 9 auf einer Schnur nach der Methode der Inka.

____

____

____

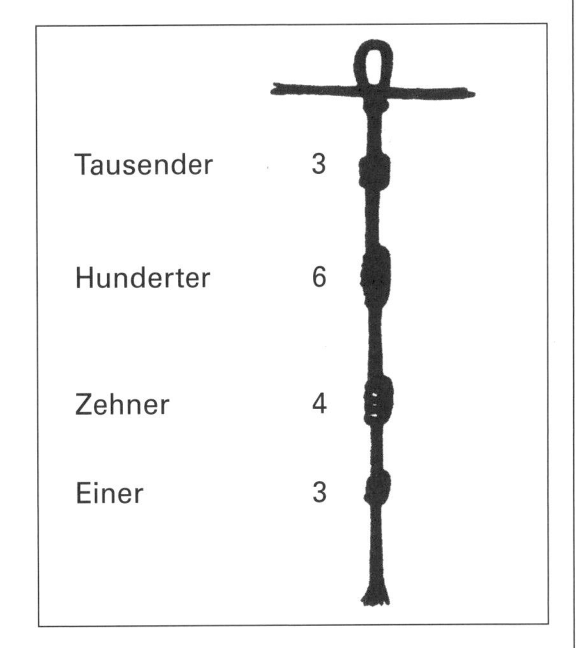

6. Hier sind drei verschiedene Möglichkeiten dargestellt, wie in Hamburg in der sogenannten „Speicherstadt" Säcke gestapelt wurden. *Wie viele Säcke konnten in zwei hintereinanderliegenden Stapeln jeweils aufgeschichtet werden?*

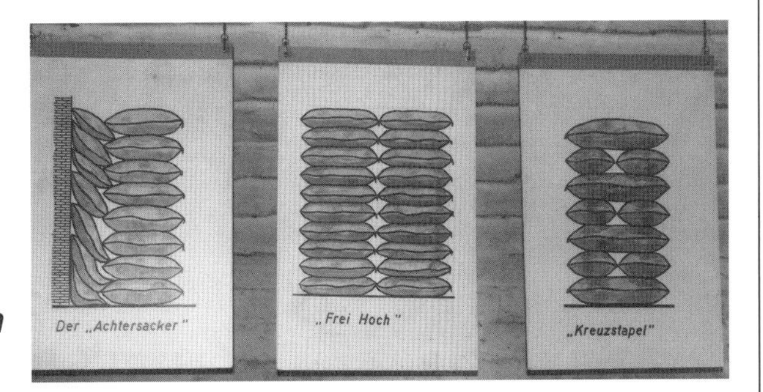

„Achtersacker": ______________________________

„Frei Hoch": ______________________________

„Kreuzstapel": ______________________________

Thema: 3. Grundrechenarten	**Lösung**
Inhalt: 3.4 Multiplizieren und dividieren (2)	

1. Von einer 14 kg schweren Kabelrolle, die 110 m Kabel enthält, werden zweimal 12 m, dreimal 7 m und fünfmal 6 m lange Kabelstücke abgeschnitten.
Wie viele Stücke zu jeweils 5 m kann man anschließend noch abschneiden?

(110 m – 2 · 12 m – 3 · 7 m – 5 · 6 m) : 5 m =

= (110 m – 24 m – 21 m – 30 m) : 5 m =

= 35 m : 5 m =

= 7

Antwortsatz: **Es bleiben noch 7 Stücke zu jeweils 5 m übrig.**

2. Florian freut sich auf die Fernsehübertragung seines Lieblingsfußballvereins um 20.30 Uhr. Wie lange muss er um 16.00 Uhr noch warten?
Kreuze die richtigen Antworten an!

☒	270 min	☐	$4\frac{1}{4}$ h
☒	4 h 30 min	☐	260 min
☒	$4\frac{1}{2}$ h	☐	Dreieinhalb Stunden

3. *Wie viele Fenster sind bei diesem Büroturm auf der Vorderseite zu sehen? Beschreibe deine Rechnung und begründe dein Vorgehen!*

Ich berechne die Anzahl der Fenster in einer Reihe. Das sind 13 Stück. Dann multipliziere ich diese Zahl mit der Anzahl der Fensterreihen; das sind 27, und erhalte das Ergebnis.

13 · 27 Fenster = 351 Fenster

Thema: 3. Grundrechenarten	**Lösung**
Inhalt: 3.4 Multiplizieren und dividieren (2)	

4. Eine vollkommene Zahl ist eine Zahl, die gleich der Summe ihrer echten Teiler ist, d. h. der Summe all ihrer Teiler, sie selbst ausgenommen.
Im Zahlenraum bis 30 gibt es zwei vollkommene Zahlen. *Findest du sie?*

Die erste vollkommene Zahl ist die **6: 1 + 2 + 3 = 6**

Die zweite vollkommene Zahl ist die **28: 1 + 2 + 4 + 7 + 14 = 28**

5. Die Inka führten ihre Archive in Form eines komplizierten Systems verknoteter Schnüre. Ein quipu (Knoten) bestand aus einer Hauptschnur, die ungefähr einen halben Meter lang war, an die dünnere Schnüre geknüpft waren.
Welche Zahl ist nach dieser Methode auf der Schnur dargestellt?
Welches ist die nach dieser Methode größte darstellbare Zahl?

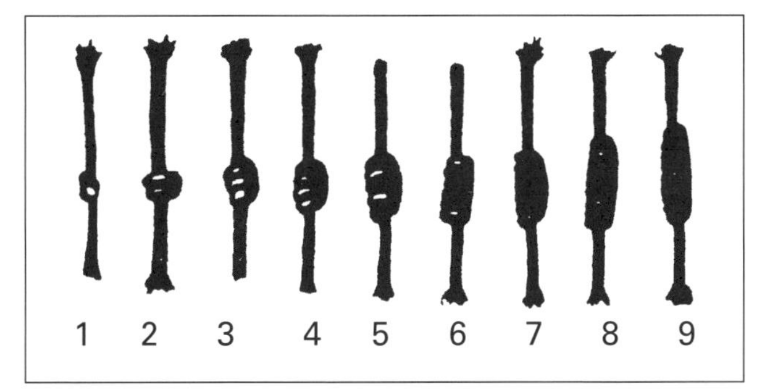

Darstellung der Zahlen 1 bis 9 auf einer Schnur nach der Methode der Inka.

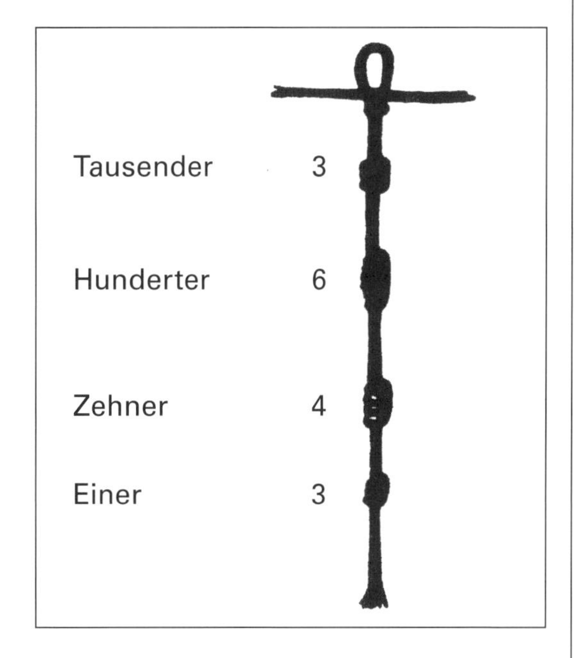

Dargestellt ist die Zahl 3643; die größte darstellbare Zahl nach dieser Methode ist die Zahl 9999.

6. Hier sind drei verschiedene Möglichkeiten dargestellt, wie in Hamburg in der sogenannten „Speicherstadt" Säcke gestapelt wurden. *Wie viele Säcke konnten in zwei hintereinanderliegenden Stapeln jeweils aufgeschichtet werden?*

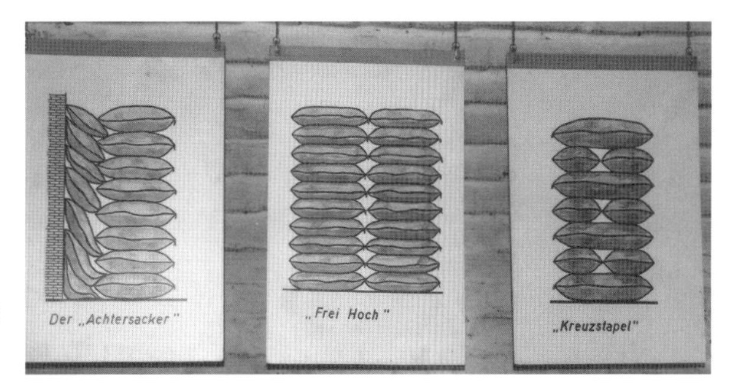

„Achtersacker": **2 · (8 + 7) = 30**

„Frei Hoch": **2 · (10 + 10) = 40**

„Kreuzstapel": **2 · 7 = 14**

Thema: **4. Terme und Gleichungen**	**Name:**
Inhalt: 4.1 Klammern	**Klasse:**

1. *Setze in den nachstehenden Termen die Klammern bzw. rechne ohne Klammern, sodass folgende Ergebnisse erzielt werden: 63 – 50 – 32 – 55 – 20 – 42 – 81.*
   Diese Terme stehen dir zur Verfügung:

   a) 75 – 40 + 15 = b) 24 + 41 – 28 – 5 = c) 53 + 27 – 12 – 9 + 4 =

   a) ______________________________

   ____

   b) ______________________________

   ____

   c) ______________________________

   ____

   ____

2. *Schreibe – wenn möglich und sinnvoll – als Klammeraufgabe:*

   a) Martina kauft für ihre Mutter in einem Supermarkt ein. Sie hat einen 10-Euro-Schein dabei und kauft ein Päckchen Nudeln für 2,50 €, eine Tafel Schokolade für 1,50 € und Brot für 2,80 € ein.
   Wie viele Euro bleiben übrig?

   ____

   ____

   Antwortsatz: ______________________________

   b) Im Erdgeschoss eines Hauses wohnen 6 Personen, im ersten Stock 2 weniger als im Erdgeschoss.
   Wie viele Personen wohnen im Haus?

   ____

   Antwortsatz: ______________________________

   c) Der Pegelstand in Passau betrug an einem Tag 628 mm. Bis zum nächsten Tag sank der Wasserspiegel um 54 mm. Am darauffolgenden Tag stieg er um 20 mm.
   Wie hoch war der Pegelstand am letzten Tag?

   ____

   ____

   Antwortsatz: ______________________________

Thema: **4. Terme und Gleichungen**	**Name:**
Inhalt: 4.1 Klammern	**Klasse:**

3. In einem Linienbus sitzen 45 Personen. An der ersten Haltestelle steigen 9 aus und 15 zu, an der zweiten Haltestelle 26 aus und 15 zu.
Wie viele Personen sind jetzt noch im Bus?
Kreuze die richtige Berechnung(en) an!

- ☐ 45 – 9 + 15 – 26 + 15 = 40
- ☐ 45 – (9 + 15) – 26 + 15 = 10
- ☐ 45 – 9 + 30 – 26 = 40
- ☐ (45 – 9) + 15 – 26 + 15 = 40
- ☐ (45 – 9) + 15 – (26 + 15) = 10
- ☐ 45 – (9 + 15) – 26 + 15 = 10

4. Erfinde Rechengeschichten, die den Einsatz von Klammern notwendig machen!
So könntest du beginnen:

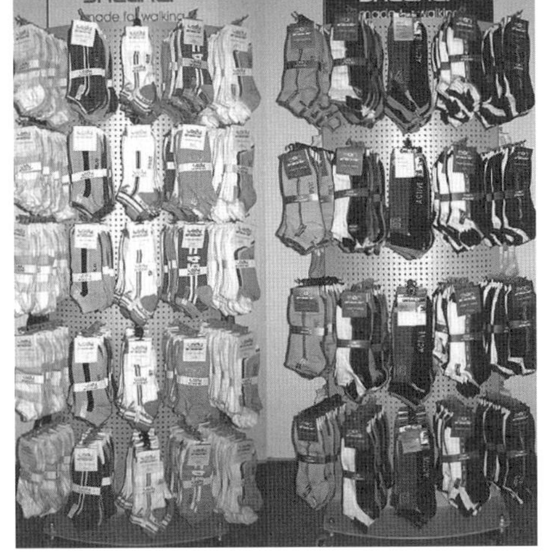

In der Kurzwarenabteilung eines Kaufhauses hängen im Regal an der Wand 200 Paar Socken. ...

____

____

____

____

____

____

____

In Altötting werden von der Wand Votivtafeln abgenommen. ...

____

____

____

____

____

____

Thema: **4. Terme und Gleichungen**

Inhalt: 4.1 Klammern

Lösung

1. Setze in den nachstehenden Termen die Klammern bzw. rechne ohne Klammern, sodass folgende Ergebnisse erzielt werden: 63 – 50 – 32 – 55 – 20 – 42 – 81.
Diese Terme stehen dir zur Verfügung:

a) 75 – 40 + 15 = b) 24 + 41 – 28 – 5 = c) 53 + 27 – 12 – 9 + 4 =

a) **75 – 40 + 15 = 50**

75 – (40 + 15) = 20

b) **24 + 41 – 28 – 5 = 32**

24 + 41 – (28 – 5) = 42

c) **53 + 27 – 12 – 9 + 4 = 63**

53 + 27 – (12 – 9) + 4 = 81

53 + 27 – 12 – (9 + 4) = 55

2. Schreibe – wenn möglich und sinnvoll – als Klammeraufgabe:

a) Martina kauft für ihre Mutter in einem Supermarkt ein. Sie hat einen 10-Euro-Schein dabei und kauft ein Päckchen Nudeln für 2,50 €, eine Tafel Schokolade für 1,50 € und Brot für 2,80 € ein.
Wie viele Euro bleiben übrig?

10 € – (2,50 € + 1,50 € + 2,80 €) =

10 € – 6,80 € = 3,20 €

Antwortsatz: **Es bleiben 3,20 € übrig.**

b) Im Erdgeschoss eines Hauses wohnen 6 Personen, im ersten Stock 2 weniger als im Erdgeschoss.
Wie viele Personen wohnen im Haus?

6 + (6 – 2) = 6 + 4 = 10

Antwortsatz: **Im Haus wohnen 10 Personen**

c) Der Pegelstand in Passau betrug an einem Tag 628 mm. Bis zum nächsten Tag sank der Wasserspiegel um 54 mm. Am darauffolgenden Tag stieg er um 20 mm.
Wie hoch war der Pegelstand am letzten Tag?

628 mm – 54 mm + 20 mm = 594 mm

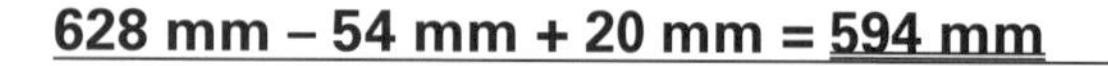

(Keine Klammer nötig!)

Antwortsatz: **Der Pegelstand betrug am letzten Tag 594 mm.**

Thema: 4. Terme und Gleichungen	**Lösung**
Inhalt: 4.1 Klammern	

3. In einem Linienbus sitzen 45 Personen. An der ersten Haltestelle steigen 9 aus und 15 zu, an der zweiten Haltestelle 26 aus und 15 zu.
Wie viele Personen sind jetzt noch im Bus?
Kreuze die richtige Berechnung(en) an!

- [x] 45 – 9 + 15 – 26 + 15 = 40
- [ ] 45 – (9 + 15) – 26 + 15 = 10
- [x] 45 – 9 + 30 – 26 = 40
- [x] (45 – 9) + 15 – 26 + 15 = 40
- [ ] (45 – 9) + 15 – (26 + 15) = 10
- [ ] 45 – (9 + 15) – 26 + 15 = 10

4. *Erfinde Rechengeschichten, die den Einsatz von Klammern notwendig machen!*
So könntest du beginnen:

In der Kurzwarenabteilung eines Kaufhauses hängen im Regal an der Wand 200 Paar Socken. ...

Am Vormittag werden vom linken Regal 8 Paar verkauft, am Nachmittag 13 Paar; vom rechten Regal werden insgesamt 34 Paar verkauft.

Wie viele Socken hängen noch in den Regalen?

200 – (8 + 13 + 34) = 200 – 55 = 145

Es hängen noch 145 Paar Socken in den beiden Regalen.

In Altötting werden von der Wand Votivtafeln abgenommen. ...

An der Wand befinden sich 43 Votivtafeln.

Zuerst werden 12, anschließend 7, zuletzt 9 Tafeln abgenommen. Wie viele Votivtafeln befinden sich noch an der Wand?

43 – (12 + 7 + 9) = 43 – 28 = 15

An der Wand befinden sich noch 15 Votivtafeln.

Thema: **4. Terme und Gleichungen**	**Name:**
Inhalt: 4.2 Verbindungs- und Vertauschungsgesetz	**Klasse:**

1. Ordne die Additions- und Multiplikationsaufgaben so, dass du Rechenvorteile nutzen kannst!

$64 + 227 + 36 =$ ______

$348 + 83 + 12 + 47 =$ ______

$4 \cdot 56 \cdot 25 =$ ______

$14 \cdot 7 \cdot 5 =$ ______

2. Ergänze den Rechenplan! Es gibt viele Möglichkeiten.

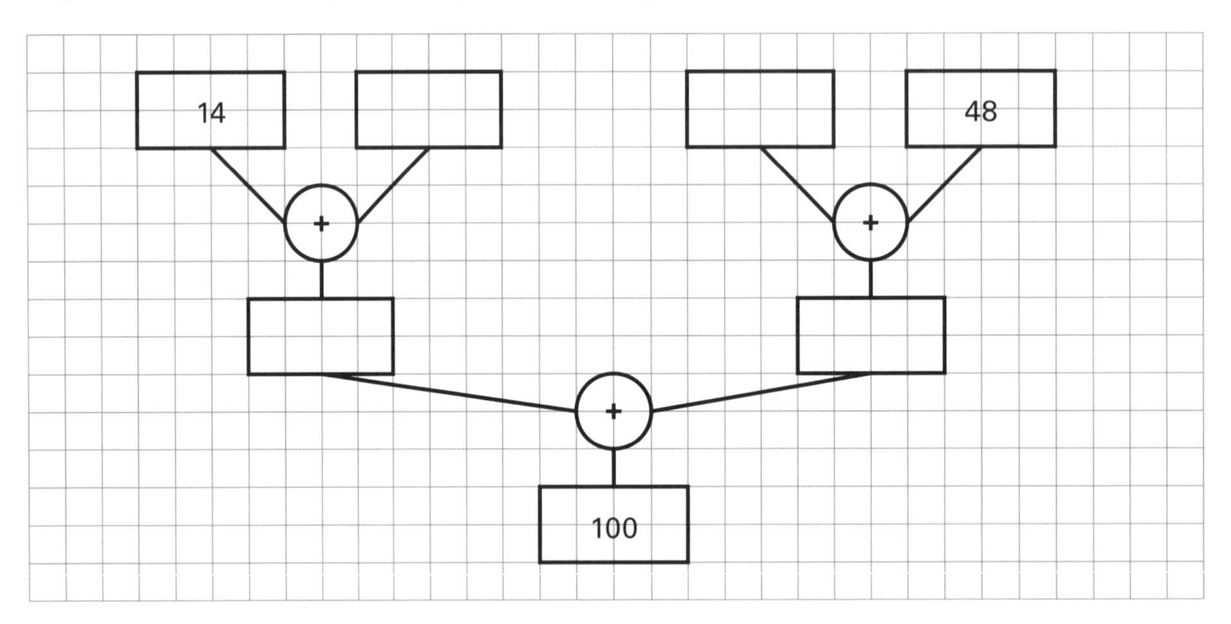

3. Ergänze den Rechenplan so, dass die Summe aus den ersten Additionen volle Hunderter ergeben! Es gibt viele Möglichkeiten.

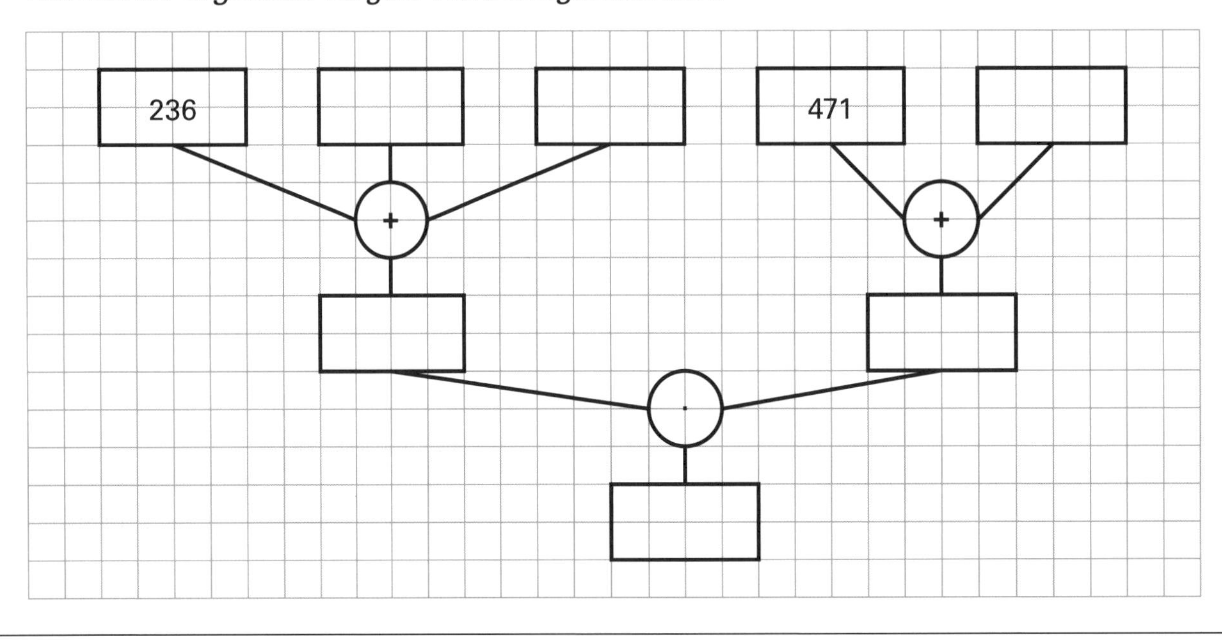

Thema: 4. **Terme und Gleichungen**	**Name:**
Inhalt: 4.2 Verbindungs- und Vertauschungsgesetz	**Klasse:**

4. Kreuze die richtigen Endergebnisse an!

☐ $5 + 4 \cdot 3 = 17$

☐ $7 + 5 \cdot 4 - 12 = 15$

☐ $78 - 2 \cdot 8 + 1 \cdot 6 = 614$

☐ $4 \cdot 17 : 34 + 21 = 23$

☐ $2 \cdot 15 - 5 = 20$

☐ $4 \cdot 27 - 8 - 40 = 60$

☐ $120 : 6 + 80 \cdot 2 = 180$

☐ $15 + 8 \cdot 12 - 22 : 2 = 100$

5. Kreuze an, welche Terme zu den Aufgaben gehören, und beantworte die zusätzlichen Fragen!

a) Addiere 12 zu der Zahl 39 und multipliziere diese Summe mit 8!

☐ $39 + 12 \cdot 8 =$ ☐ $(39 + 12) \cdot 8 =$ ☐ $39 + (12 \cdot 8) =$

Warum ist die Klammer bei dem letzten Term überflüssig?

____

____

____

Kann man auch folgendermaßen rechnen: $(12 + 39) \cdot 8 = ?$

____

____

____

b) Dividiere die Zahl 48 durch die Differenz der Zahlen 24 und 8!

☐ $48 : 24 - 8 =$ ☐ $(48 : 24) - 8 =$ ☐ $48 : (24 - 8) =$

Welche Klammer wäre bei diesem angegebenen Termen unnötig?

____

____

____

Kann man auch folgendermaßen rechnen: $(24 - 8) : 48 = ?$

____

____

____

Thema: 4. Terme und Gleichungen

Inhalt: 4.2 Verbindungs- und Vertauschungsgesetz

Lösung

1. Ordne die Additions- und Multiplikationsaufgaben so, dass du Rechenvorteile nutzen kannst!

64 + 227 + 36 = **64 + 36 + 227 = 100 + 227 = 327**

348 + 83 + 12 + 47 = **348 + 12 + 83 + 47 = 360 + 130 = 490**

4 · 56 · 25 = **4 · 25 · 56 = 100 · 56 = 5 600**

14 · 7 · 5 = **14 · 5 · 7 = 70 · 7 = 490**

2. Ergänze den Rechenplan! Es gibt viele Möglichkeiten.

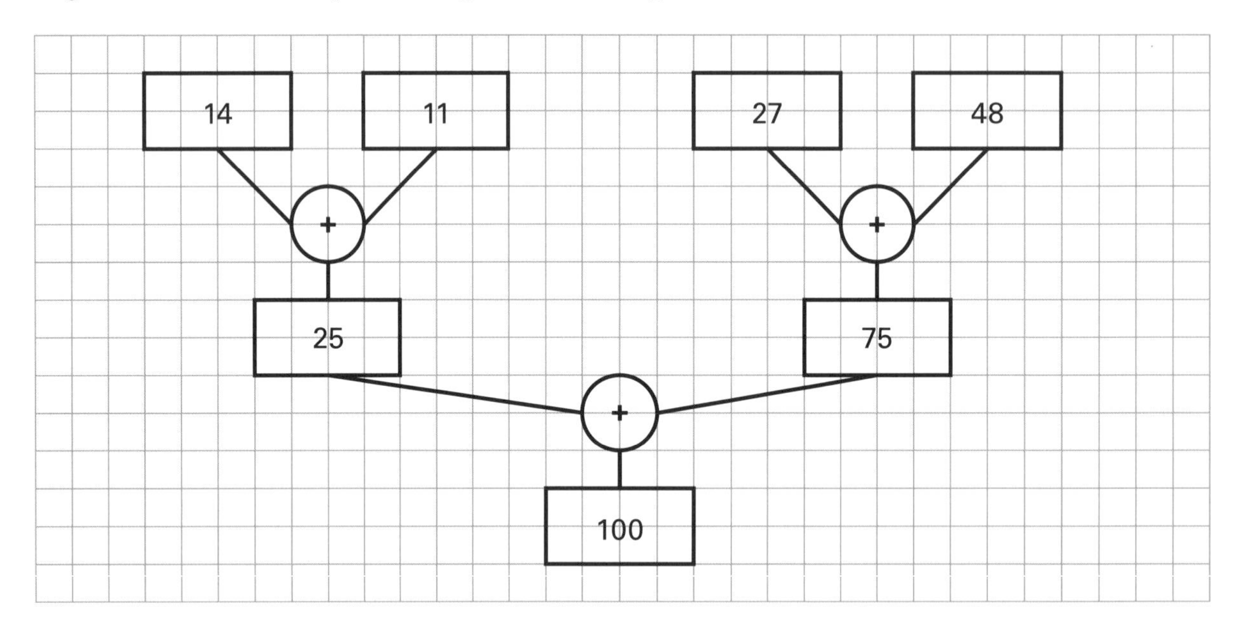

3. Ergänze den Rechenplan so, dass die Summe aus den ersten Additionen volle Hunderter ergeben! Es gibt viele Möglichkeiten.

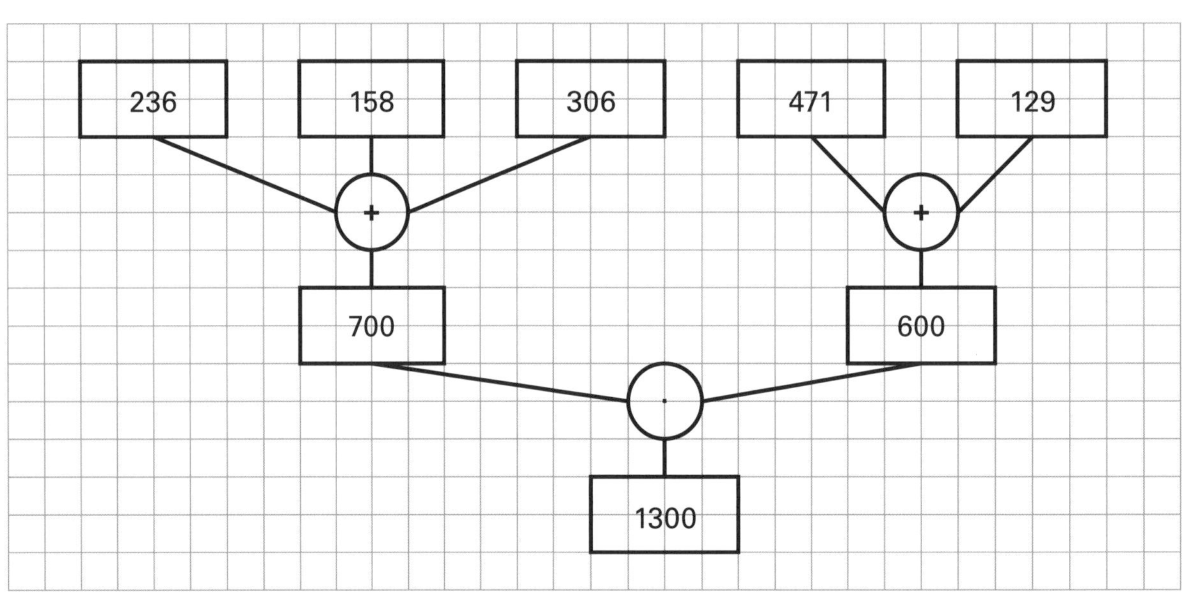

4. Kreuze die richtigen Endergebnisse an!

- [x] $5 + 4 \cdot 3 = 17$
- [x] $7 + 5 \cdot 4 - 12 = 15$
- [ ] $78 - 2 \cdot 8 + 1 \cdot 6 = 614$
- [x] $4 \cdot 17 : 34 + 21 = 23$
- [ ] $2 \cdot 15 - 5 = 20$
- [x] $4 \cdot 27 - 8 - 40 = 60$
- [x] $120 : 6 + 80 \cdot 2 = 180$
- [x] $15 + 8 \cdot 12 - 22 : 2 = 100$

5. Kreuze an, welche Terme zu den Aufgaben gehören, und beantworte die zusätzlichen Fragen!

a) Addiere 12 zu der Zahl 39 und multipliziere diese Summe mit 8!

- [ ] $39 + 12 \cdot 8 =$
- [x] $(39 + 12) \cdot 8 =$
- [ ] $39 + (12 \cdot 8) =$

Warum ist die Klammer bei dem letzten Term überflüssig?

Die Klammer ist überflüssig, weil Punkt vor Strich gerechnet werden müsste.

Der Ansatz ist allerdings falsch.

Kann man auch folgendermaßen rechnen: $(12 + 39) \cdot 8 = ?$

Man könnte auch so rechnen, weil es für das Ergebnis unerheblich ist, ob die beiden Summanden getauscht werden.

Der Ansatz entspricht aber nicht genau der Aufgabenstellung.

b) Dividiere die Zahl 48 durch die Differenz der Zahlen 24 und 8!

- [ ] $48 : 24 - 8 =$
- [ ] $(48 : 24) - 8 =$
- [x] $48 : (24 - 8) =$

Welche Klammer wäre bei diesem angegebenen Termen unnötig?

Die Klammer im zweiten Term wäre unnötig, weil Punkt vor Strich gerechnet werden müsste. Der Ansatz ist jedoch falsch.

Kann man auch folgendermaßen rechnen: $(24 - 8) : 48 = ?$

Man kann so nicht rechnen, weil hier das Ergebnis falsch wäre. Bei Divisionsaufgaben darf man die erste und die zweite Zahl nicht vertauschen.

Thema: 4. Terme und Gleichungen	**Name:**
Inhalt: 4.3 Terme berechnen	**Klasse:**

1. Setze die fehlenden Klammern ein!

a) $5 + 6 \cdot 7 = 47$

b) $2 \cdot 48 - 35 + 7 = 33$

c) $9 \cdot 8 + 12 : 4 = 75$

d) $6 + 4 \cdot 5 = 50$

e) $9 \cdot 8 + 12 : 4 = 45$

f) $24 + 54 : 6 + 32 - 14 = 31$

2. Kreuze die Terme an, die der Aufgabenstellung entsprechen!

a) Multipliziere die Summe aus 128 und 46 mit 7!

☐ $(128 + 46) \cdot 7 =$ ☐ $128 + 46 \cdot 7 =$ ☐ $7 \cdot (128 + 46) =$

b) Dividiere die Zahl 160 durch die Differenz der Zahlen 50 und 35!

☐ $160 \cdot (50 - 35) =$ ☐ $(50 - 35) : 160$ ☐ $160 : (50 - 35) =$

c) Subtrahiere vom Produkt der Zahlen 28 und 5 die Summe aus 87 und 13!

☐ $(87 + 13) - 28 \cdot 5 =$ ☐ $(87 + 13) + 28 \cdot 5 =$ ☐ $28 - (5 \cdot 87) + 13 =$

d) Addiere zu der Differenz der Zahlen 75 und 48 den Quotienten aus 200 und 8!

☐ $75 - 48 + 200 : 8 =$ ☐ $(75 - 48) + 200 : 8 =$ ☐ $200 : 8 + (75 - 48) =$

3. Ergänze die Aufgabenstellung!

a) $24 \cdot 20 + 234 - (52 : 4) =$

________________ zu dem Produkt aus 24 und 20 die Zahl 234 und

________________ den Quotienten aus 52 und 4!

b) $(121 - 70 + 59) : 50 =$

Bilde die ________________ der Zahlen 121 und 70 und addiere dann die Zahl 59!

________________ nun dieses Ergebnis durch 50!

c) $(98 - 66) \cdot 4 \cdot 18 =$

________________________ aus 98 und 66 mit dem Produkt aus 4 und 18!

Thema: **4. Terme und Gleichungen**	**Name:**
Inhalt: 4.3 Terme berechnen	**Klasse:**

4. Das Bild zeigt einen Getränkemarkt. Bei der Öffnung dieses Getränkemarktes stehen 16 Kisten Spezi mit jeweils 20 Flaschen bereit. Kunden kommen und kaufen; aus dem Lager wird der Bestand ergänzt.

Erstelle nun eine Rechengeschichte und rechne aus!

Beispiel: ____

____

____

____

____

____

= ____

= ____

Antwortsatz: ____

Thema: **4. Terme und Gleichungen**	**Lösung**
Inhalt: 4.3 Terme berechnen	

1. Setze die fehlenden Klammern ein!

a) 5 + 6 · 7 = 47

b) 2 · (48 – 35) + 7 = 33

c) 9 · 8 + 12 : 4 = 75

d) (6 + 4) · 5 = 50

e) 9 · (8 + 12) : 4 = 45

f) (24 + 54) : 6 + 32 – 14 = 31

2. Kreuze die Terme an, die der Aufgabenstellung entsprechen!

a) Multipliziere die Summe aus 128 und 46 mit 7!

[X] (128 + 46) · 7 = [ ] 128 + 46 · 7 = [X] 7 · (128 + 46) =

b) Dividiere die Zahl 160 durch die Differenz der Zahlen 50 und 35!

[ ] 160 · (50 – 35) = [ ] (50 – 35) : 160 [X] 160 : (50 – 35) =

c) Subtrahiere vom Produkt der Zahlen 28 und 5 die Summe aus 87 und 13!

[ ] (87 + 13) – 28 · 5 = [ ] (87 + 13) + 28 · 5 = [ ] 28 – (5 · 87) + 13 =

d) Addiere zu der Differenz der Zahlen 75 und 48 den Quotienten aus 200 und 8!

[X] 75 – 48 + 200 : 8 = [X] (75 – 48) + 200 : 8 = [ ] 200 : 8 + (75 – 48) =

3. Ergänze die Aufgabenstellung!

a) 24 · 20 + 234 – (52 : 4) =

Addiere zu dem Produkt aus 24 und 20 die Zahl 234 und

subtrahiere den Quotienten aus 52 und 4!

b) (121 – 70 + 59) : 50 =

Bilde die **Differenz** der Zahlen 121 und 70 und addiere dann die Zahl 59!

Dividiere nun dieses Ergebnis durch 50!

c) (98 – 66) · 4 · 18 =

Multipliziere die Differenz aus 98 und 66 mit dem Produkt aus 4 und 18!

Thema: **4. Terme und Gleichungen**	**Lösung**
Inhalt: 4.3 Terme berechnen	

4. Das Bild zeigt einen Getränkemarkt. Bei der Öffnung dieses Getränkemarktes stehen 16 Kisten Spezi mit jeweils 20 Flaschen bereit. Kunden kommen und kaufen; aus dem Lager wird der Bestand ergänzt.

Erstelle nun eine Rechengeschichte und rechne aus!

Beispiel: **Bei der Öffnung eines Getränkemarktes stehen 320 Flaschen Spezi zum Verkauf. Zunächst werden 7 Kisten verkauft, anschließend 6 einzelne Flaschen, dann 10 einzelne Flaschen.**

Aus dem Lager wird der Vorrat mit 5 Kisten ergänzt.

Wie viele Flaschen Spezi sind jetzt noch im Verkaufsraum?

$320 - 20 \cdot 7 - 6 - 10 + 5 \cdot 20 =$

$= 320 - 140 - 6 - 10 + 100 =$

$= 264$

Antwortsatz: **Im Verkaufsraum befinden sich noch 264 Flaschen Spezi.**

Thema: **4. Terme und Gleichungen**	**Name:**
Inhalt: 4.4 Gleichungen entwickeln, Gleichungen lösen	**Klasse:**

1. *Ergänze die fehlenden Zahlen, sodass die Waage ausgeglichen ist und eine Gleichung entsteht!*

7 + ☐ — 3 · 5

120 : 10 — 3 · ☐

37 – 26 — ☐ : 4

2. *Welche Gleichungen verbergen sich hinter den Rechenplänen? Bestimme das Ergebnis!*

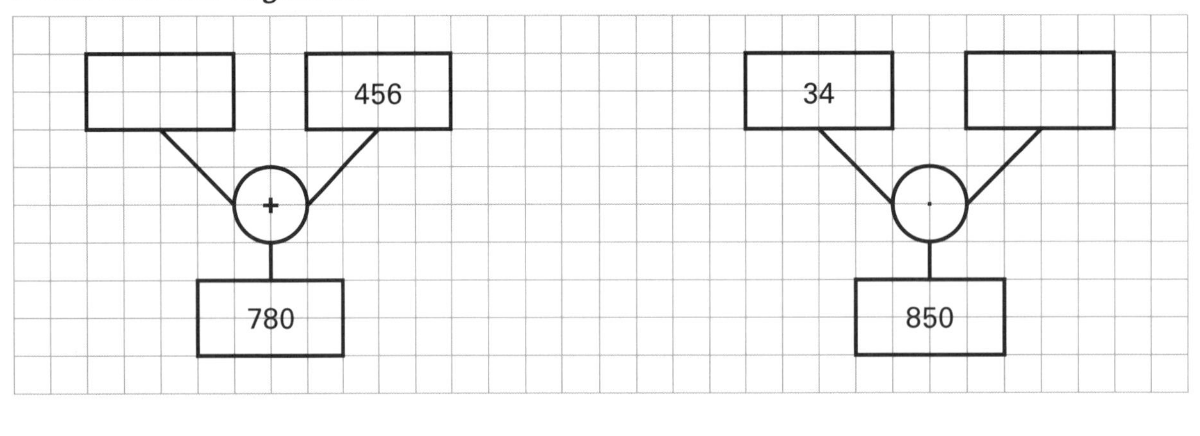

3. Monika kauft 6 Stück Kuchen und bezahlt mit einem 20-Euro-Schein.
Sie erhält 6,80 € zurück. Wie viel kostet 1 Stück Kuchen?
Löse mithilfe einer Gleichung!

Kreuze die richtigen Ansätze an und berechne die Lösung in zwei verschiedenen Formen!

☐ 6 · x = 20 – 6,80

☐ 6 · x = 20 + 6,80

☐ 6 · x + 6,80 = 20

☐ 6 · x – 6,80 = 20

☐ 20 = 6,80 + 6 · x

☐ 20 + 6,80 = 6 · x

☐ 20 – 6,80 = 6 · x

☐ 20 · 6 · x = 6,80

Antwortsatz: ____________________

Thema: **4. Terme und Gleichungen**	**Name:**
Inhalt: 4.4 Gleichungen entwickeln, Gleichungen lösen	**Klasse:**

4. Jeweils zwei Terme ergeben eine Gleichung. Schreibe sie auf!

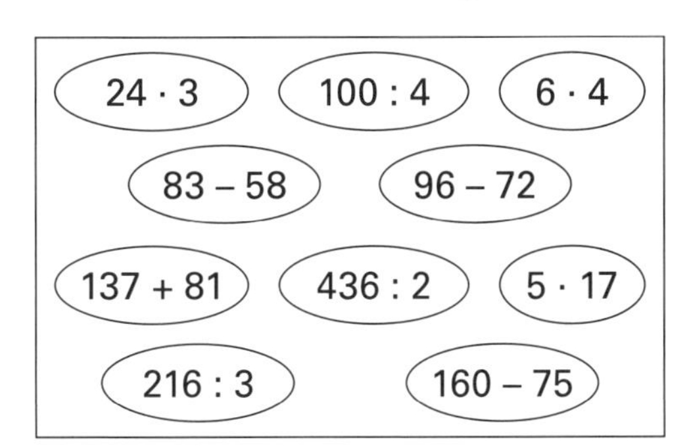

a) ______________________

b) ______________________

c) ______________________

d) ______________________

e) ______________________

5. Ergänze die fehlenden Werte!

3 · x + _____	=	50		_____ + x	=	190 : 2
3x	=	50 _____		_____ + x	=	95
3x	=	_____	| : 3	x	=	95 _____
x	=	12		x	=	27

6. Berichtige die fehlerhaften Gleichungen neben der Aufgabe!

x + 124 = 956
x = 956 – 124
x = 832

7x + 14 = 280 ______________________
7x = 280 + 14 ______________________
7x = 294 | : 7 ______________________
x = 42 ______________________

4x – 16 = 200 ______________________
4x = 200 + 16 ______________________
4x = 216 | : 4 ______________________
x = 45 ______________________

Thema: 4. **Terme und Gleichungen**	**Lösung**
Inhalt: 4.4 Gleichungen entwickeln, Gleichungen lösen	

1. *Ergänze die fehlenden Zahlen, sodass die Waage ausgeglichen ist und eine Gleichung entsteht!*

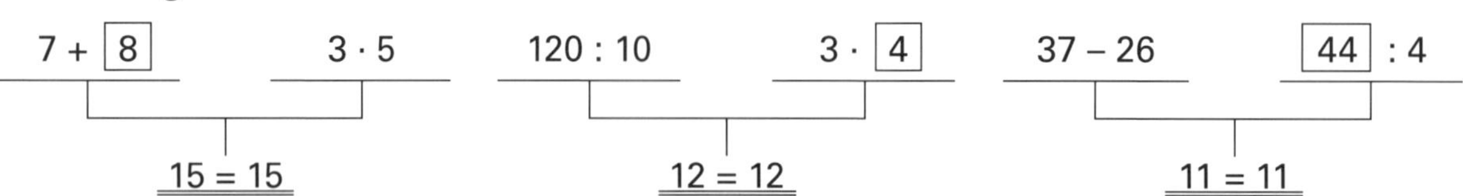

2. *Welche Gleichungen verbergen sich hinter den Rechenplänen? Bestimme das Ergebnis!*

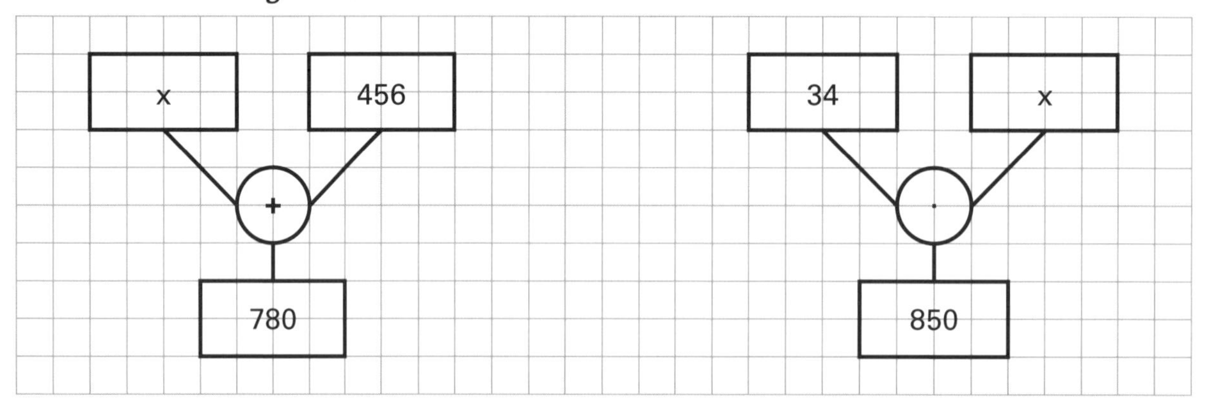

x + 456 = 780	**34 · x = 850**
x = 780 – 456	**x = 850 : 34**
x = 324	**x = 25**

3. Monika kauft 6 Stück Kuchen und bezahlt mit einem 20-Euro-Schein. Sie erhält 6,80 € zurück. Wie viel kostet 1 Stück Kuchen? Löse mithilfe einer Gleichung!

Kreuze die richtigen Ansätze an und berechne die Lösung in zwei verschiedenen Formen!

☒	6 · x = 20 – 6,80	**6 · x = 20 – 6,80**
☐	6 · x = 20 + 6,80	**6x = 13,20 |: 6**
☒	6 · x + 6,80 = 20	**x = 2,20**
☐	6 · x – 6,80 = 20	
☒	20 = 6,80 + 6 · x	**20 = 6,80 + 6x**
☐	20 + 6,80 = 6 · x	**20 – 6,80 = 6x**
☒	20 – 6,80 = 6 · x	**13,20 = 6x |: 6**
☐	20 · 6 · x = 6,80	**2,20 = x**

Antwortsatz: **1 Stück Kuchen kostet 2,20 €.**

Thema: 4. Terme und Gleichungen	**Lösung**
Inhalt: 4.4 Gleichungen entwickeln, Gleichungen lösen	

4. Jeweils zwei Terme ergeben eine Gleichung. Schreibe sie auf!

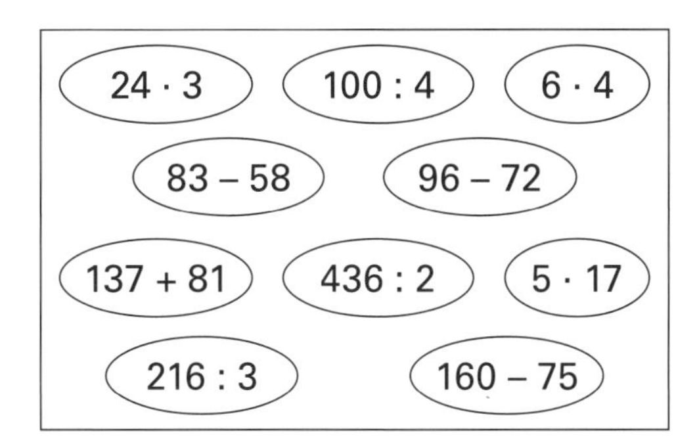

a) **24 · 3 = 216 : 3 → 72 = 72**

b) **96 – 72 = 6 · 4 → 24 = 24**

c) **100 : 4 = 83 – 58 → 25 = 25**

d) **137 + 81 = 436 : 2 → 218 = 218**

e) **5 · 17 = 160 – 75 → 85 = 85**

5. Ergänze die fehlenden Werte!

3 · x + **14** = 50		**68** + x = 190 : 2	
3x = 50 **– 14**		**68** + x = 95	
3x = **36**	| : 3	x = 95 **– 68**	
x = 12		x = 27	

6. Berichtige die fehlerhaften Gleichungen neben der Aufgabe!

x + 124 = 956
x = 956 – 124
x = 832

Aufgabe		Berichtigung	
7x + 14 = 280		**7x + 14 = 280**	
7x = 280 + 14		**7x = 280 – 14**	
7x = 294	| : 7	**7x = 266**	**| : 7**
x = 42		**x = 38**	
4x – 16 = 200		**4x – 16 = 200**	
4x = 200 + 16		**4x = 200 + 16**	
4x = 216	| : 4	**4x = 216**	**| : 4**
x = 45		**x = 54**	

Thema: 5. Geometrie 2	**Name:**
Inhalt: 5.1 Längen	**Klasse:**

1. Mit welchen Längenmaßen würdest du folgende Längen messen?

a)	Entfernung zwischen zwei Städten	
b)	Speerwurf	
c)	Strichstärke von Pinseln	
d)	Höhe des Tisches	
e)	Breite des Klasszimmers	
f)	Entfernung Erde – Mond	
g)	Maße eines Buches	

2. Berichtige die enthaltenen Fehler!

a) 3 m = 30 dm; 15 cm = 150 mm; 4 km = 400 m

b) 7 dm = 70 cm; 7 dm = 700 mm; 7 cm = 70 mm

c) 350 mm = 35 dm; 50 cm = 5 dm; 12 m = 1 200 dm

d) 2 000 mm = 2 m; 8 000 mm = 800 dm; 50 dm = 5 m

e) 12 m 8 dm 7 cm 8 mm = 12 878 mm

f) 4580 mm = 4 m 58 cm

g) 54 m 4 cm 6 mm = 5 446 mm

3. Welche Längen könntest du auf diesem Bild berechnen?

___

___

Thema: 5. **Geometrie 2**	**Name:**
Inhalt: 5.1 Längen	**Klasse:**

4. Welche Längen könntest du auf diesen Bildern berechnen? Benenne und schätze!

Beispiele:

____

____

____

____

____

____

Thema: **5. Geometrie 2**	**Lösung**
Inhalt: 5.1 Längen	

1. Mit welchen Längenmaßen würdest du folgende Längen messen?

a)	Entfernung zwischen zwei Städten	**Kilometer**
b)	Speerwurf	**Meter**
c)	Strichstärke von Pinseln	**Millimeter**
d)	Höhe des Tisches	**Zentimeter**
e)	Breite des Klasszimmers	**Meter**
f)	Entfernung Erde – Mond	**Kilometer**
g)	Maße eines Buches	**Zentimeter**

2. Berichtige die enthaltenen Fehler!

a) 3 m = 30 dm; 15 cm = 150 mm; 4 km = ~~400~~ **4000** m

b) 7 dm = 70 cm; 7 dm = 700 mm; 7 cm = 70 mm

c) 350 mm = 35 ~~dm~~ **cm**; 50 cm = 5 dm; 12 m = ~~1200~~ **120** dm

d) 2000 mm = 2 m; 8000 mm = ~~800~~ **80** dm; 50 dm = 5 m

e) 12 m 8 dm 7 cm 8 mm = 12878 mm

f) 4580 mm = 4 m 58 cm

g) 54 m 4 cm 6 mm = ~~5446~~ **54046** mm

3. Welche Längen könntest du auf diesem Bild berechnen?

z. B. die Länge und Breite der Tragflächen;

die Länge und Breite des Rumpfes

Thema: 5. Geometrie 2	**Lösung**
Inhalt: 5.1 Längen	

4. Welche Längen könntest du auf diesen Bildern berechnen? Benenne und schätze!

Beispiele:

Länge der Brücke – 30 m

Breite des Portals – 10 m

Höhe der Spielkarten – 10 cm

Breite des Wassergrabens – 5 m

Breite und Höhe der Zeitschrift – 20/30 cm

Körperlänge des Käfers – 5 mm

Thema: 5. Geometrie 2	**Name:**
Inhalt: 5.2 Umfang von Rechteck und Quadrat	**Klasse:**

1. Stimmen die Berechnungen zum Umfang von Rechteck und Quadrat? Ergänze, wenn nötig!

$U = 2 \cdot a + 2 \cdot b$	$U = 2 \cdot a + 2 \cdot b$
$U = 2 \cdot 5\ cm + 2 \cdot 2\ cm$	$U = 2 \cdot 3\ cm + 2 \cdot 3\ cm$
$U = 10\ cm + 4\ cm$	$U = 6\ cm + 6\ cm$
$\underline{\underline{U = 14\ cm}}$	$\underline{\underline{U = 12\ cm}}$

2. Ordne die Länge der Umfänge den angegebenen Größen zu!

140 cm – 10 m – 4 m – 340 m – 48 cm – 70 m – 100 cm – 72 cm – 48 m – 8 cm – 34 cm – 22 m

Buch: ____________________ Fußballplatz: ____________________

Klassenzimmer: ____________________ Tafel: ____________________

Beachvolleyballfeld: ____________________ Schulheft DIN A4: ____________________

Tennisplatz: ____________________ Mikrowelle: ____________________

Rechtes Tafelfeld: ____________________ Zifferblatt Armbanduhr: ____________________

Taschenrechner: ____________________ CD-Hülle: ____________________

Thema: **5. Geometrie 2**	**Name:**
Inhalt: 5.2 Umfang von Rechteck und Quadrat	**Klasse:**

3. Zeichne Rechtecke mit einem Umfang von 16 cm!

4. Zeichne Quadrate mit einem Umfang von 16 cm! Vergleiche mit Aufgabe 3!

____

____

____

____

5. Warum kann man den Umfang dieser Bodenfliesen nur schwer schätzen?

____

____

Thema: **5. Geometrie 2**

Inhalt: 5.2 Umfang von Rechteck und Quadrat

Lösung

1. Stimmen die Berechnungen zum Umfang von Rechteck und Quadrat? Ergänze, wenn nötig!

$U = 2 \cdot a + 2 \cdot b$

$U = 2 \cdot 5\ cm + 2 \cdot 2\ cm$

$U = 10\ cm + 4\ cm$

$\underline{\underline{U = 14\ cm}}$

~~$U = 2 \cdot a + 2 \cdot b$~~

~~$U = 2 \cdot 3\ cm + 2 \cdot 3\ cm$~~

~~$U = 6\ cm + 6\ cm$~~

~~$U = 12\ cm$~~

$U = 4 \cdot a$

$U = 4 \cdot 3\ cm$

$\underline{\underline{U = 12\ cm}}$

2. Ordne die Länge der Umfänge den angegebenen Größen zu!

140 cm – 10 m – 4 m – 340 m – 48 cm – 70 m – 100 cm – 72 cm – 48 m – 8 cm – 34 cm – 22 m

Buch: **72 cm**

Klassenzimmer: **22 m**

Beachvolleyballfeld: **48 m**

Tennisplatz: **70 m**

Rechtes Tafelfeld: **4 m**

Taschenrechner: **34 cm**

Fußballplatz: **340 m**

Tafel: **10 m**

Schulheft DIN A4: **100 cm**

Mikrowelle: **140 cm**

Zifferblatt Armbanduhr: **8 cm**

CD-Hülle: **48 cm**

Thema: **5. Geometrie 2**	**Lösung**
Inhalt: 5.2 Umfang von Rechteck und Quadrat	

3. Zeichne Rechtecke mit einem Umfang von 16 cm!

4. Zeichne Quadrate mit einem Umfang von 16 cm! Vergleiche mit Aufgabe 3!

Man kann nur ein Quadrat mit einer Seitenlänge von 4 cm zeichnen, weil bei einem Quadrat alle Seiten gleich lang sind.

5. Warum kann man den Umfang dieser Bodenfliesen nur schwer schätzen?

Das Bild ermöglicht keinen Vergleich zu einer anderen Größe; deshalb kann man den Umfang nur unzureichend schätzen.

Thema: **5. Geometrie 2**	**Name:**
Inhalt: 5.3 Fläche von Rechteck und Quadrat	**Klasse:**

1. Stimmen die Flächenberechnungen von Rechteck und Quadrat? Ergänze, wenn nötig!

Rechteck	Quadrat
A = a · b	A = a · a
A = 5 cm · 2 cm	A = 3 cm · 3 cm
A = 10 cm	A = 9 cm

2. Ordne die Flächeninhalte den angegebenen Größen zu!

630 cm^2 – 1 m^2 – 4 m^2 – 6825 m^2 – 66 cm^2 – 30 m^2 – 308 cm^2 – 144 cm^2 – 128 m^2 – 1125 cm^2 – 264 m^2 – 4 cm^2

Buch: ______________________

Fußballplatz: ______________________

Klassenzimmer: ______________________

Tafel: ______________________

Beachvolleyballfeld: ______________________

Schulheft DIN A4: ______________________

Tennisplatz: ______________________

Mikrowelle: ______________________

Rechtes Tafelfeld: ______________________

Zifferblatt Armbanduhr: ______________________

Taschenrechner: ______________________

CD-Hülle: ______________________

Thema: **5. Geometrie 2**	**Name:**
Inhalt: 5.3 Fläche von Rechteck und Quadrat	**Klasse:**

3. Zeichne Rechtecke mit einer Fläche von 24 cm!

4. Zeichne Quadrate mit einer Fläche von 16 cm²! Vergleiche mit Aufgabe 3!

____

____

____

____

5. Welche Fläche nehmen diese Schülerzeichnungen an der Wand insgesamt ein?

____

____

Thema: **5. Geometrie 2**

Inhalt: 5.3 Fläche von Rechteck und Quadrat

Lösung

1. *Stimmen die Flächenberechnungen von Rechteck und Quadrat? Ergänze, wenn nötig!*

$A = a \cdot b$	$A = a \cdot a$
$A = 5\ cm \cdot 2\ cm$	$A = 3\ cm \cdot 3\ cm$
A = 10 ~~cm~~ cm^2	A = 9 ~~cm~~ cm^2

2. *Ordne die Flächeninhalte den angegebenen Größen zu!*

630 cm^2 – 1 m^2 – 4 m^2 – 6825 m^2 – 66 cm^2 – 30 m^2 – 308 cm^2 – 144 cm^2 – 128 m^2 – 1125 cm^2 – 264 m^2 – 4 cm^2

Buch: **308 cm^2 (14 cm · 22 cm)**	Fußballplatz: **6 825 m^2 (105 m · 65 m)**
Klassenzimmer: **30 m^2 (6 m · 5 m)**	Tafel: **4 m^2 (4 m · 1 m)**
Beachvolleyballfeld: **128 m^2 (16 m · 8 m)**	Schulheft DIN A4: **630 cm^2 (21 cm · 30 cm)**
Tennisplatz: **264 m^2 (24 m · 11 m)**	Mikrowelle: **1 125 cm^2 (45 cm · 25 cm)**
Rechtes Tafelfeld: **1 m^2 (1 m · 1 m)**	Zifferblatt Armbanduhr: **4 cm^2 (2 cm · 2 cm)**
Taschenrechner: **66 cm^2 (6 cm · 11 cm)**	CD-Hülle: **144 cm^2 (12 cm · 12 cm)**

Thema: 5. **Geometrie 2**	**Lösung**
Inhalt: 5.3 Fläche von Rechteck und Quadrat	

3. Zeichne Rechtecke mit einer Fläche von 24 cm!

4. Zeichne Quadrate mit einer Fläche von 16 cm²! Vergleiche mit Aufgabe 3!

Man kann nur ein Quadrat mit einer Seitenlänge von 4 cm zeichnen, weil nur bei diesem Quadrat die Fläche 16 cm² beträgt.

5. Welche Fläche nehmen diese Schülerzeichnungen an der Wand insgesamt ein?

$A = (a \cdot b) \cdot 8 \rightarrow A = (30\ cm \cdot 40\ cm) \cdot 8 \rightarrow A = 1200\ cm^2 \cdot 8$

$A = 9600\ cm^2$

Thema: 5. Geometrie 2	**Name:**
Inhalt: 5.4 Flächenmaße, Flächeninhalte	**Klasse:**

1. Wandle die gegebenen Flächen in Rechtecke bzw. Quadrate um und bereche dann den jeweiligen Flächeninhalt!

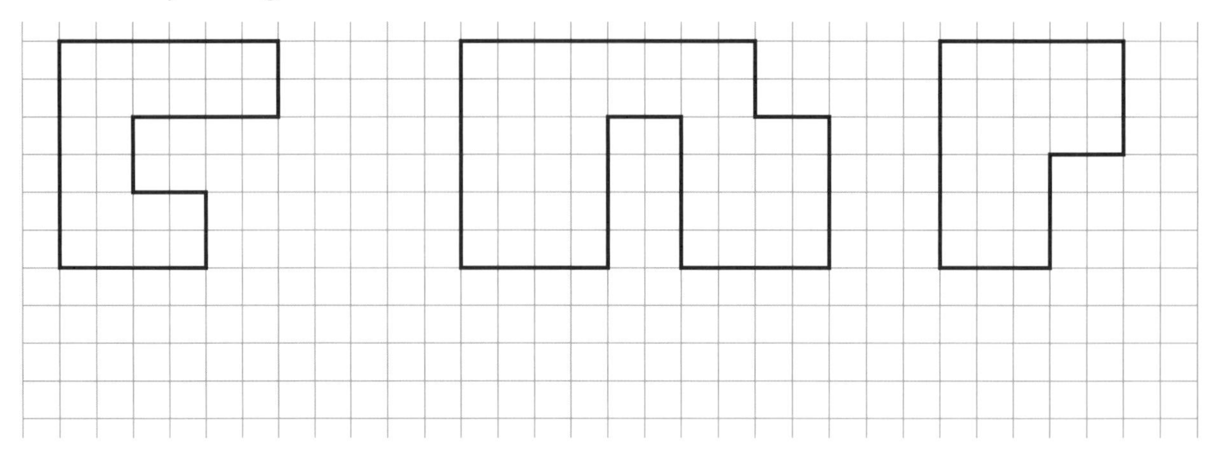

2. Der Inhalt dieser Fläche lässt sich auf drei verschiedene Arten berechnen. Zeichne ein und rechne im Kopf!

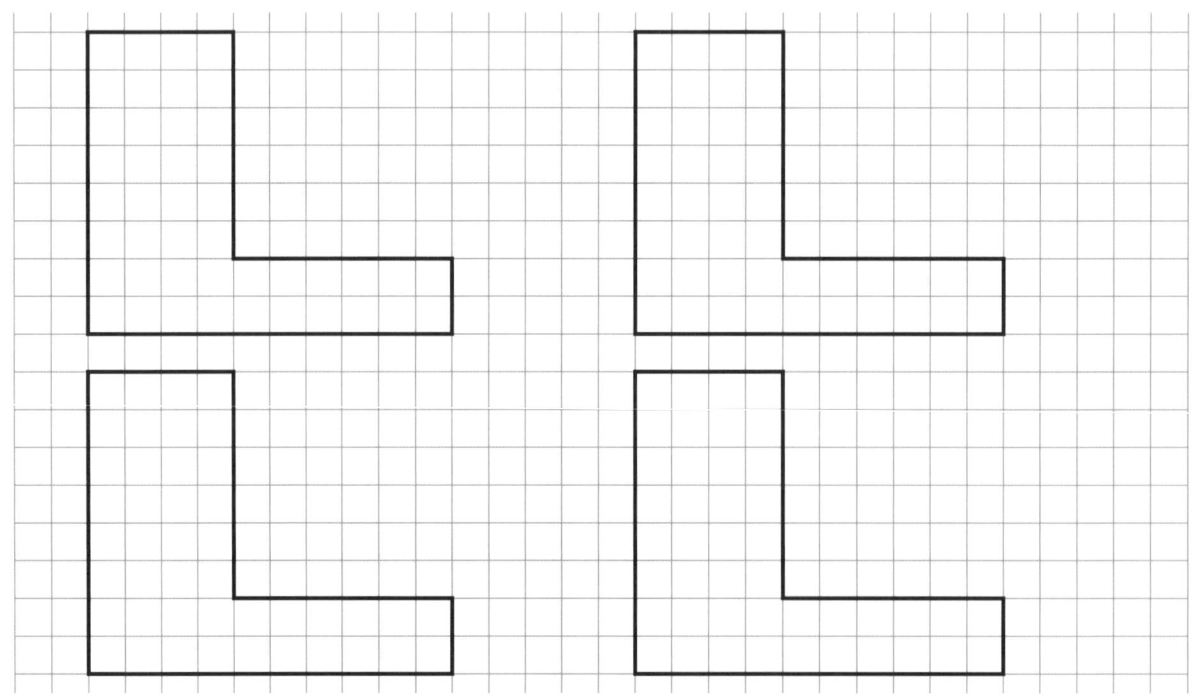

3. Wandle die gegebene Fläche in ein flächengleiches Rechteck um, wobei eine Seite des Rechtecks 2 cm lang ist!

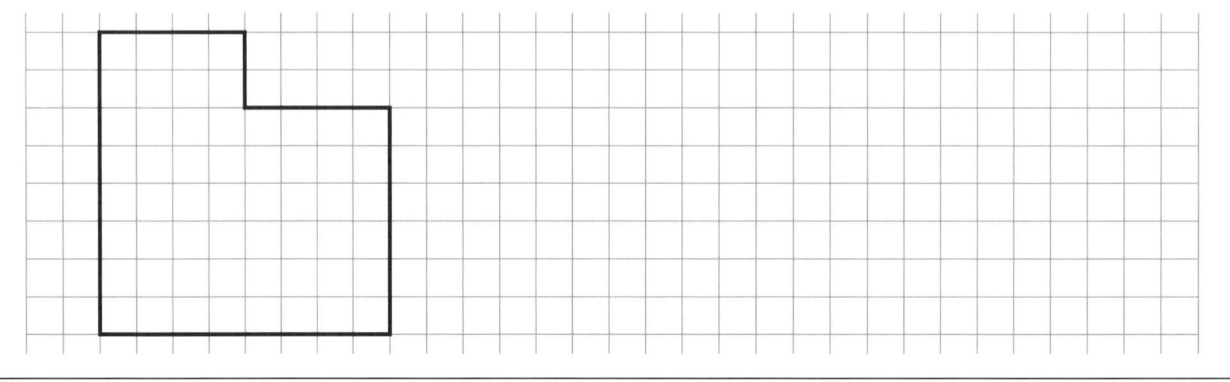

Thema: 5. **Geometrie 2**	**Name:**
Inhalt: 5.4 Flächenmaße, Flächeninhalte	**Klasse:**

4. Aus einem Blech werden zwei Flächen herausgestanzt. Wie groß ist die Restfläche? *Überprüfe, ob richtig berechnet wurde! Ergänze, wenn nötig!*

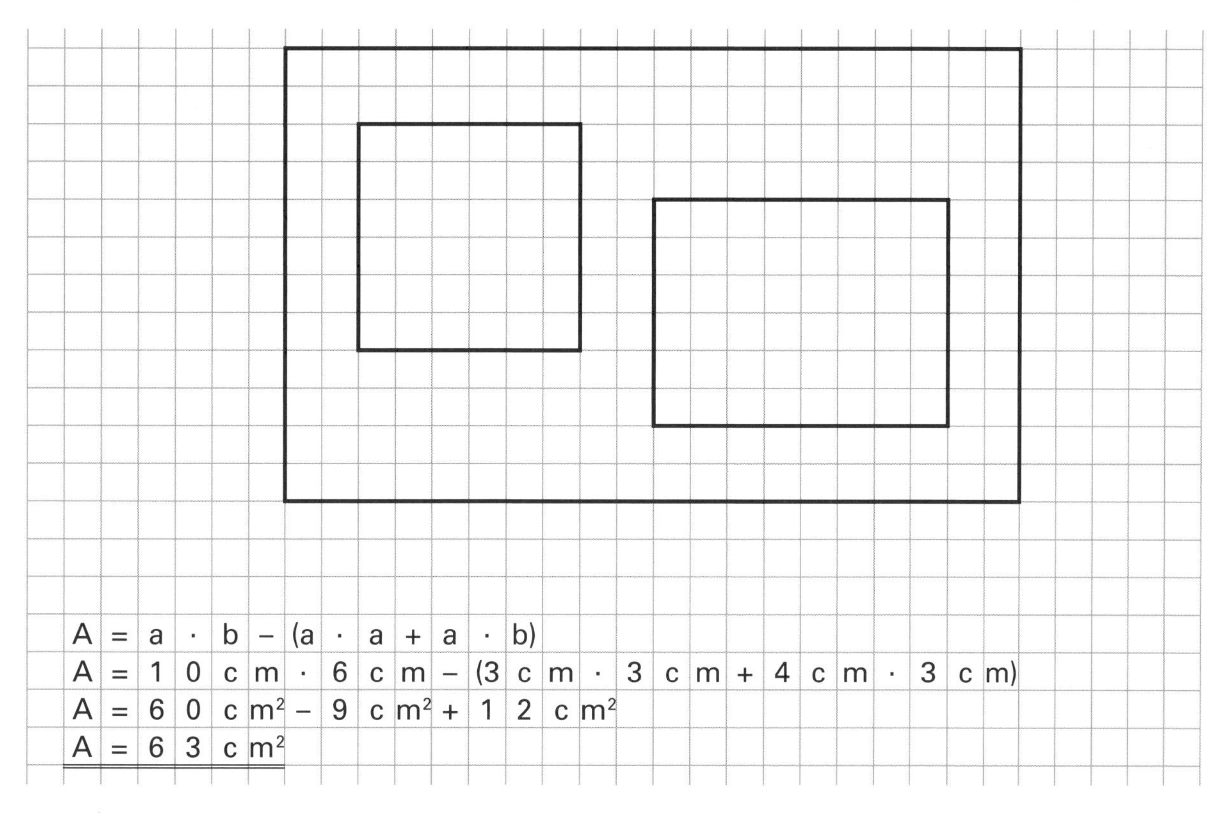

5. Bei einem Betonboden muss eine Fläche für einen Pfeiler frei bleiben. Wie groß ist die Restfläche? *Ergänze anhand der Flächenberechnung die fehlenden Angaben!*

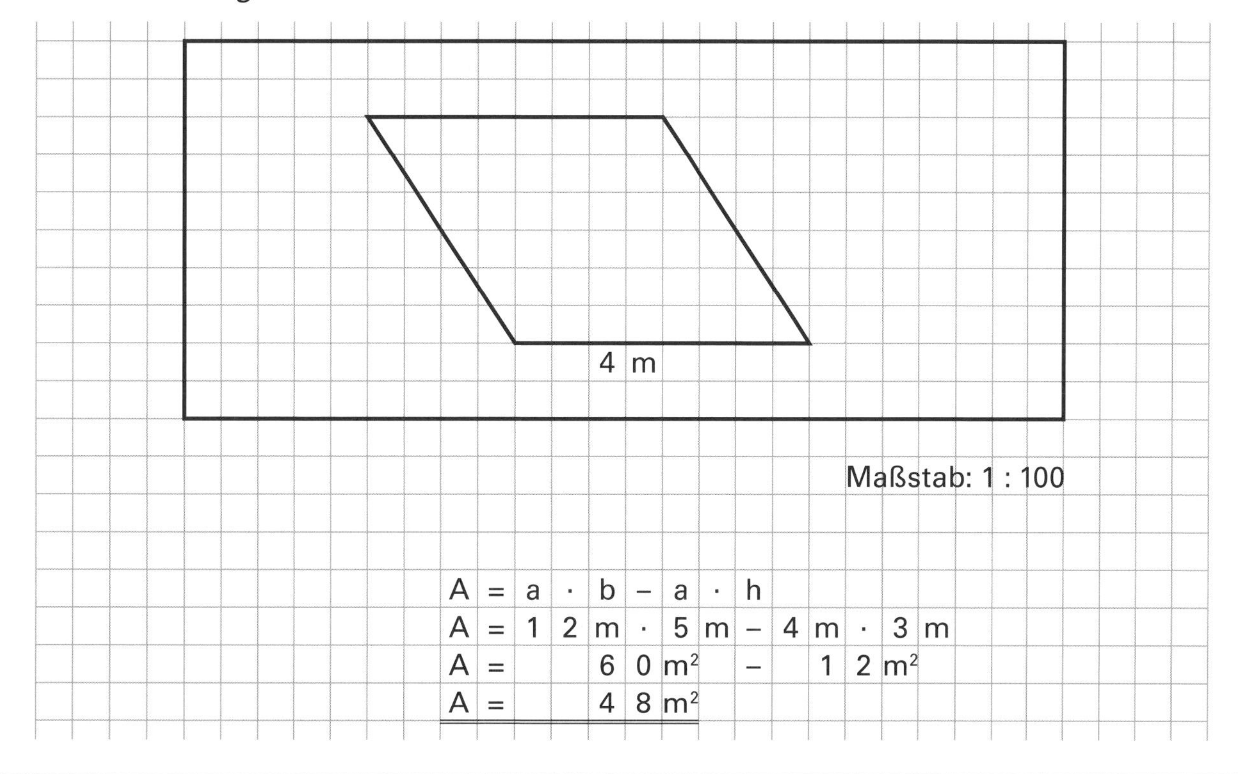

Thema: **5. Geometrie 2**	**Lösung**
Inhalt: 5.4 Flächenmaße, Flächeninhalte	

1. *Wandle die gegebenen Flächen in Rechtecke bzw. Quadrate um und bereche dann den jeweiligen Flächeninhalt!*

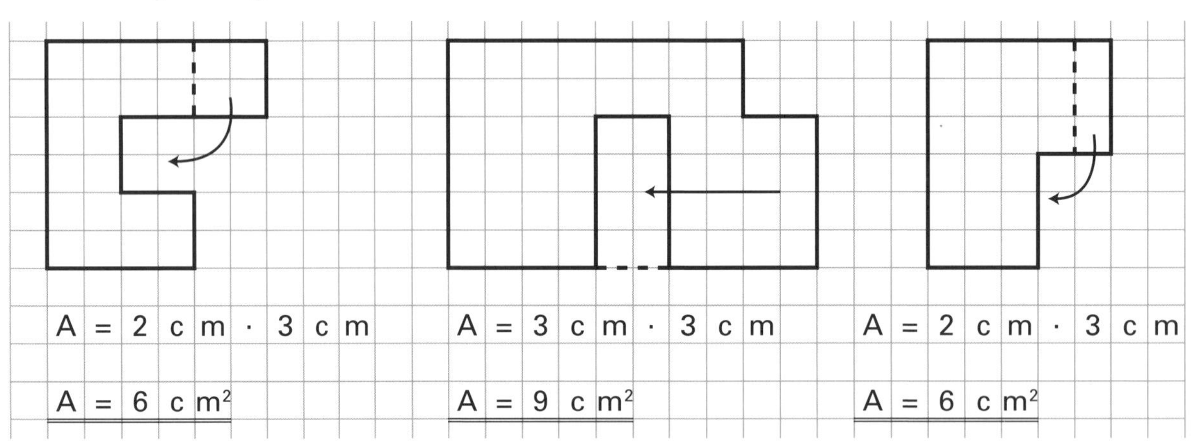

2. *Der Inhalt dieser Fläche lässt sich auf drei verschiedene Arten berechnen. Zeichne ein und rechne im Kopf!*

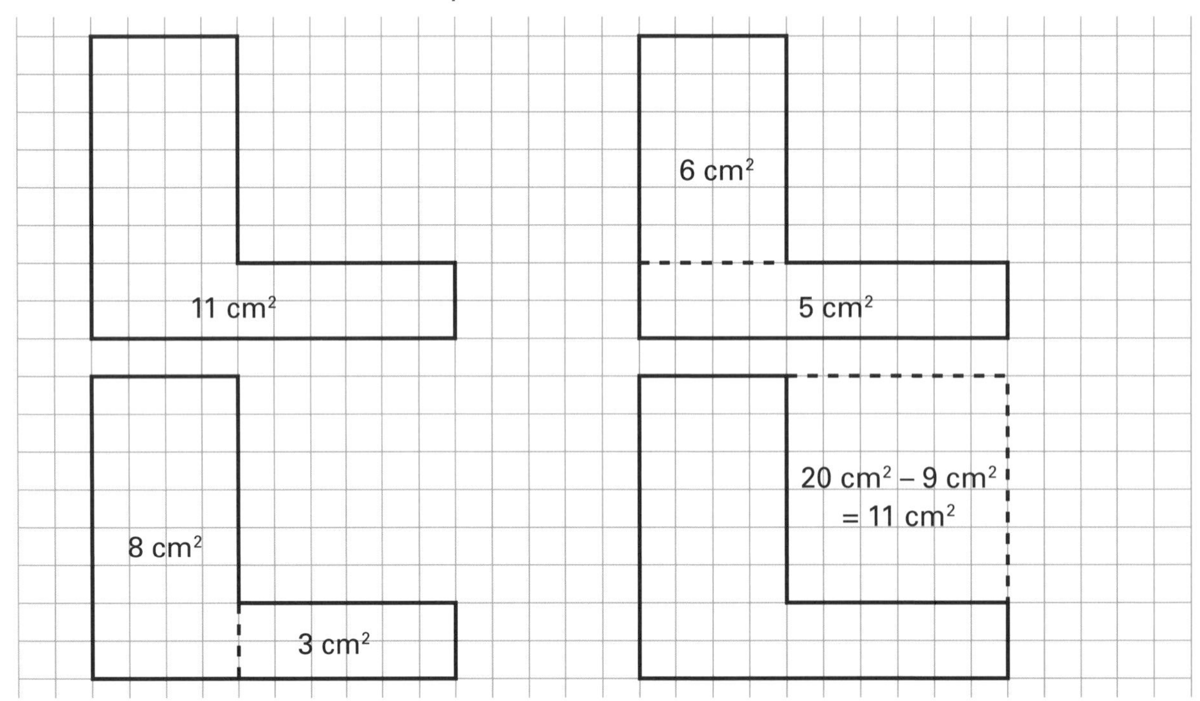

3. *Wandle die gegebene Fläche in ein flächengleiches Rechteck um, wobei eine Seite des Rechtecks 2 cm lang ist!*

4. Aus einem Blech werden zwei Flächen herausgestanzt. Wie groß ist die Restfläche? *Überprüfe, ob richtig berechnet wurde! Ergänze, wenn nötig!*

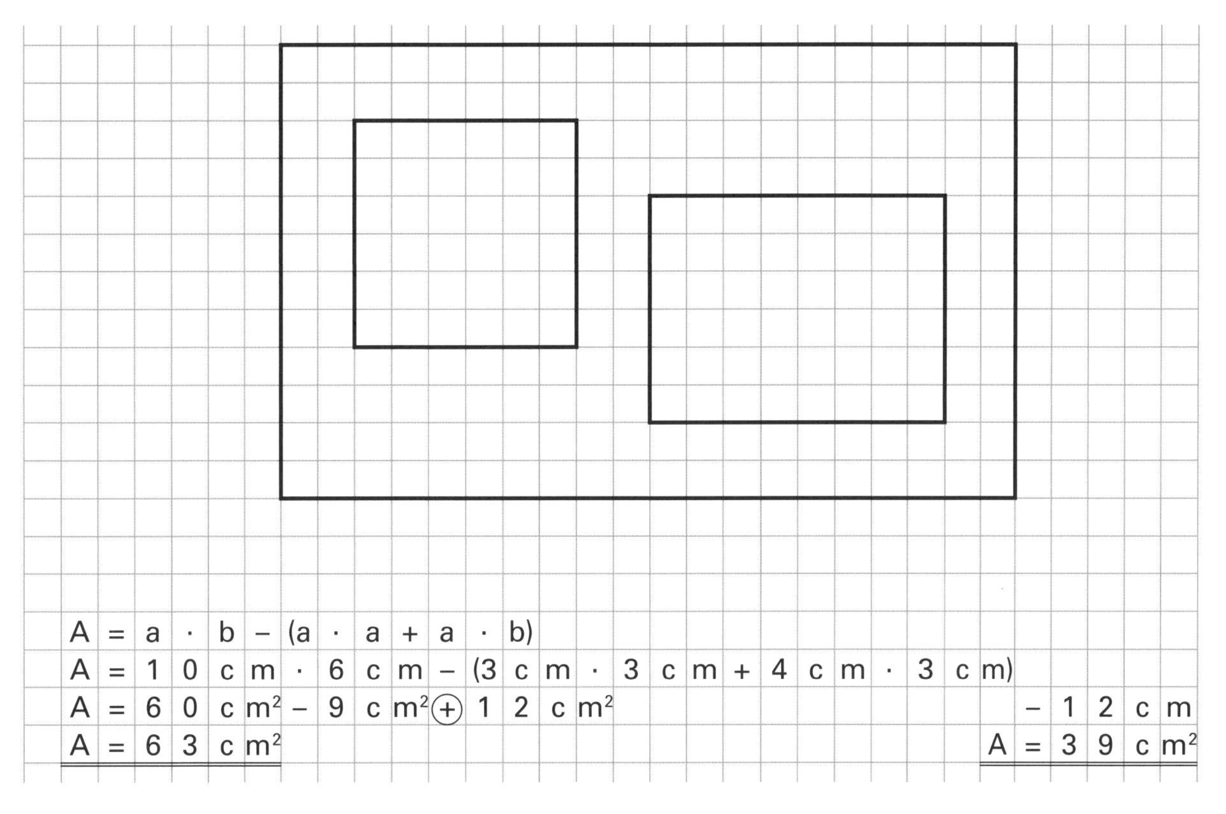

5. Bei einem Betonboden muss eine Fläche für einen Pfeiler frei bleiben. Wie groß ist die Restfläche? *Ergänze anhand der Flächenberechnung die fehlenden Angaben!*

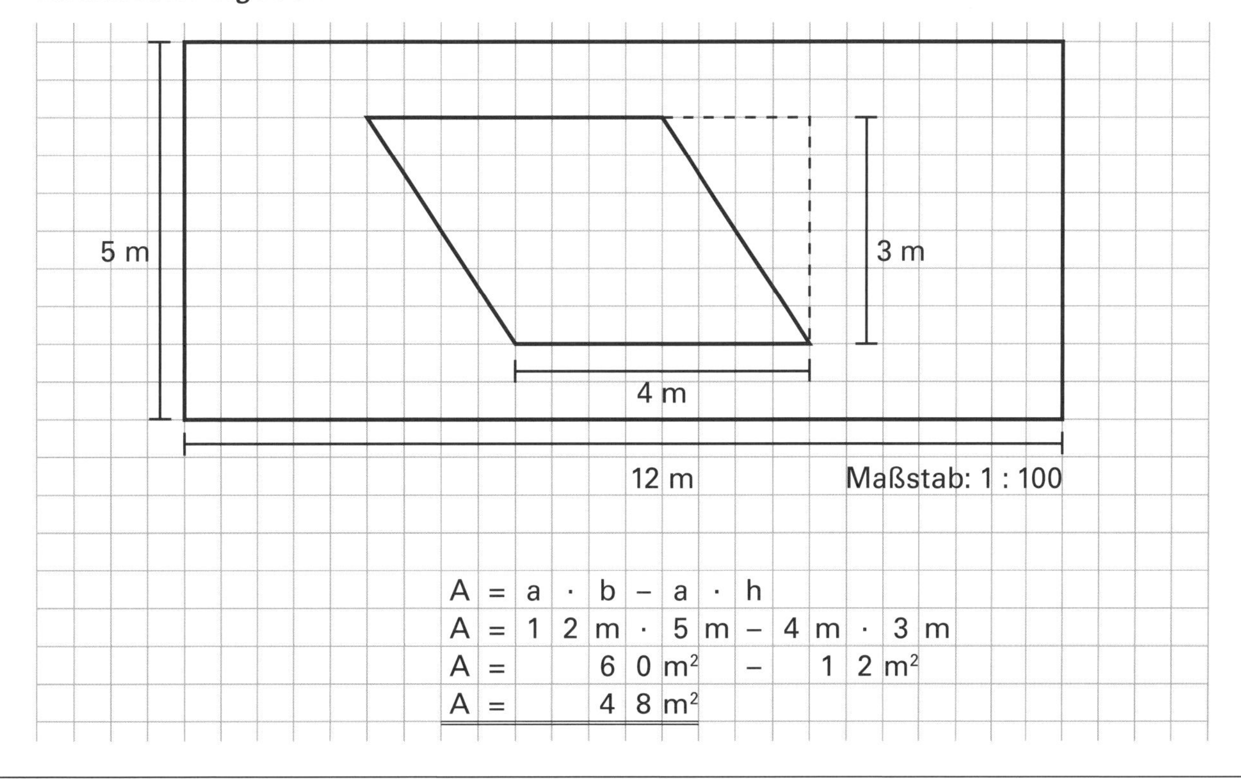

Thema: 5. Geometrie 2	**Name:**
Inhalt: 5.5 Flächen, Flächenmaße, Umfang von Flächen	**Klasse:**

1. *Welche Seitenlängen können Rechtecke haben, deren Fläche 24 cm² beträgt (nur ganze Zentimeter)? Ordne sie der Größe nach vom längsten zum kürzesten Umfang und begründe!*

   Mögliche Seitenlängen: ______________________________

   - ______________________________
   - ______________________________
   - ______________________________
   - ______________________________

2. Dieses Haus wurde aus zehn Streichhölzern gebaut, doch leider ist die Stirnseite auf der falschen Seite. *Wie muss es umgebaut werden, damit die Stirnseite auf der anderen Seite ist? Wie viele (sichtbare) Seitenlängen hat das Haus, wie viele insgesamt (auch die nicht sichtbaren)?* ______________________________

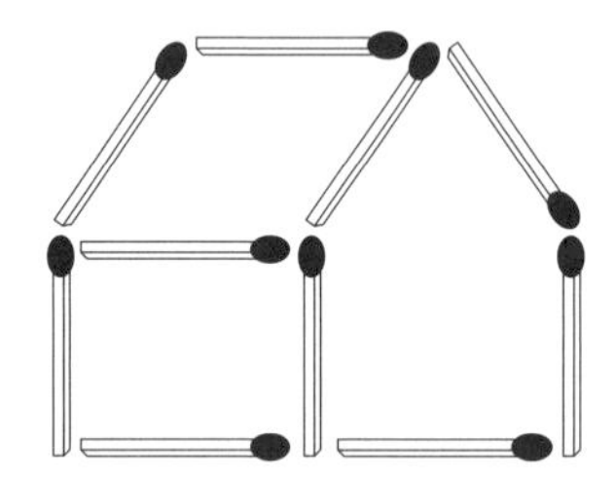

3. *Aus den fünf Quadraten sollen durch Umsetzen von zwei Hölzchen vier Quadrate entstehen.*

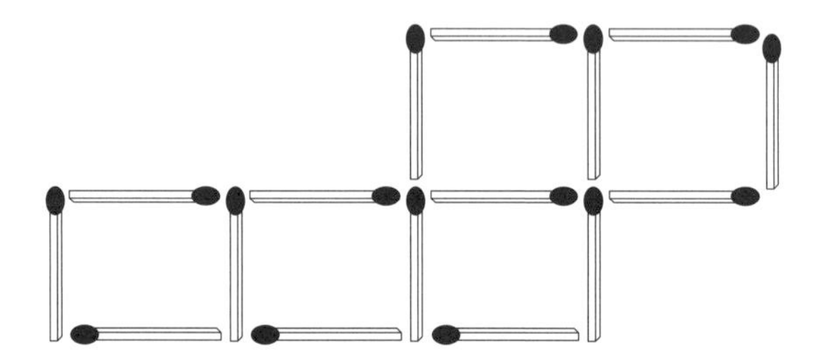

4. Aus zehn Zündhölzchen sind diese beiden Quadrate gelegt.
   Welche zwei Hölzchen muss man umlegen, um drei Quadrate zu erhalten?

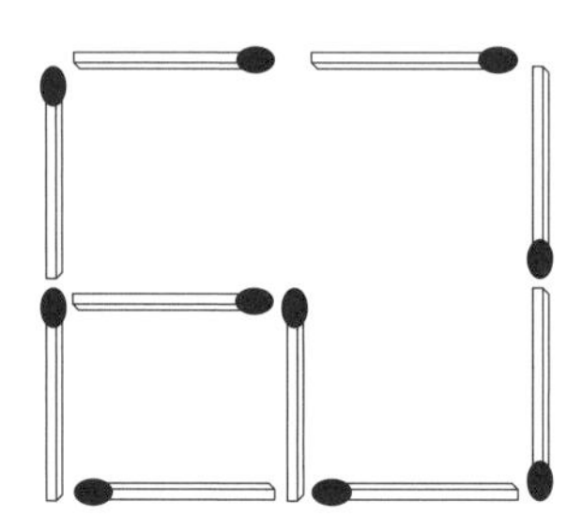

Thema: 5. Geometrie 2	**Name:**
Inhalt: 5.5 Flächen, Flächenmaße, Umfang von Flächen	**Klasse:**

5. Gib jeweils die Maßeinheit an, in der die folgenden Flächen gemessen werden!

- Luftbild Stadt → ______________________
- Feld → ______________________
- Schulhof → ______________________
- Bücherwand → ______________________
- Verkehrsschild → ______________________
- Schreibblock → ______________________

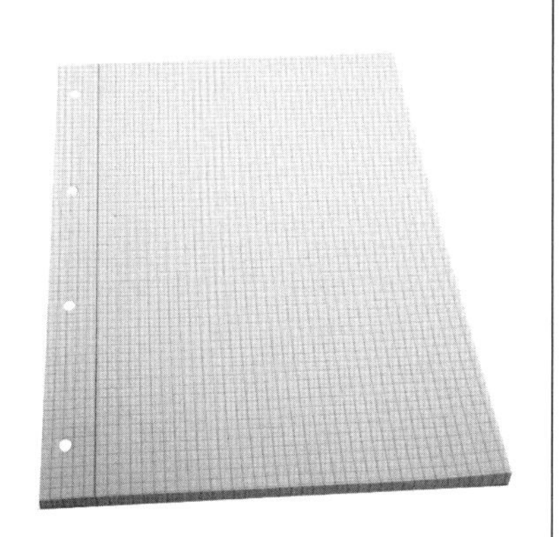

6. In den folgenden Rechnungen sind Fehler enthalten.
Finde sie heraus und berichtige!

a) 4 ha = 400 a　　3 dm^2 = 300 cm^2　　7 m^2 = 70 dm^2

b) 2 a = 200 m^2　　9 m^2 = 9000 cm^2　　7 cm^2 = 700 mm^2

c) 400 cm^2 = 4 dm^2　　500 dm^2 = 5 a　　6000 cm^2 = 60 dm^2

d) 8 ha = 800000 m^2　　400 m^2 = 40000 cm^2　　40 m^2 = 400000 cm^2

Thema: 5. Geometrie 2	**Lösung**
Inhalt: 5.5 Flächen, Flächenmaße, Umfang von Flächen	

1. *Welche Seitenlängen können Rechtecke haben, deren Fläche 24 cm² beträgt (nur ganze Zentimeter)? Ordne sie der Größe nach vom längsten zum kürzesten Umfang und begründe!*

Mögliche Seitenlängen: **24 cm · 1 cm; 12 cm · 2 cm; 8 cm · 3 cm; 6 cm · 4 cm**

- **U = (24 cm + 1 cm) · 2 → U = 25 cm · 2 → U = 50 cm**
- **U = (12 cm + 2 cm) · 2 → U = 14 cm · 2 → U = 28 cm**
- **U = (8 cm + 3 cm) · 2 → U = 11 cm · 2 → U = 22 cm**
- **U = (6 cm + 4 cm) · 2 → U = 10 cm · 2 → U = 20 cm**

2. Dieses Haus wurde aus zehn Streichhölzern gebaut, doch leider ist die Stirnseite auf der falschen Seite. *Wie muss es umgebaut werden, damit die Stirnseite auf der anderen Seite ist? Wie viele (sichtbare) Seitenlängen hat das Haus, wie viele insgesamt (auch die nicht sichtbaren)?* **10 Seitenlängen – insgesamt 15**

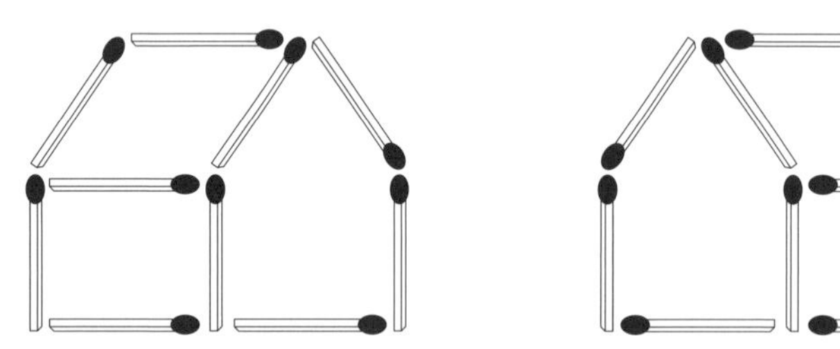

3. *Aus den fünf Quadraten sollen durch Umsetzen von zwei Hölzchen vier Quadrate entstehen.*

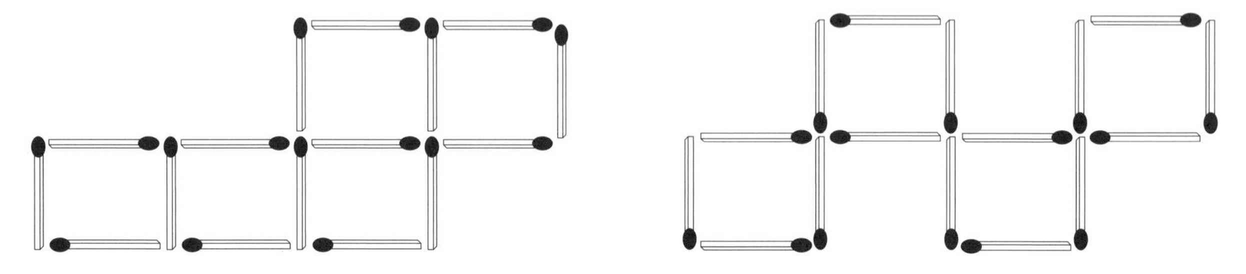

4. Aus zehn Zündhölzchen sind diese beiden Quadrate gelegt.
Welche zwei Hölzchen muss man umlegen, um drei Quadrate zu erhalten?

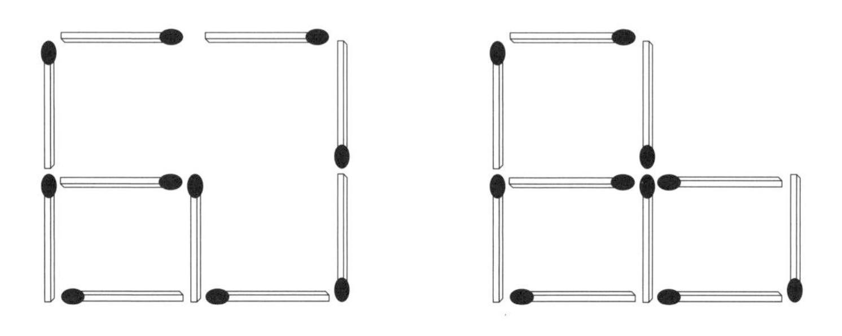

Thema: 5. Geometrie 2	**Lösung**
Inhalt: 5.5 Flächen, Flächenmaße, Umfang von Flächen	

5. Gib jeweils die Maßeinheit an, in der die folgenden Flächen gemessen werden!

- Luftbild Stadt → **km^2**
- Feld → **ha**
- Schulhof → **a**
- Bücherwand → **m^2**
- Verkehrsschild → **dm^2**
- Schreibblock → **cm^2**

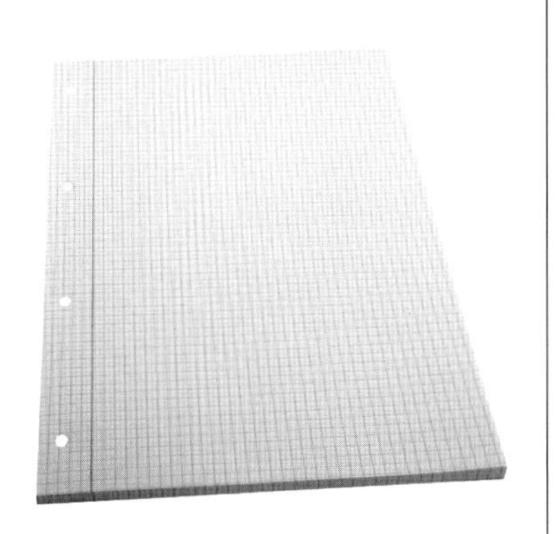

6. In den folgenden Rechnungen sind Fehler enthalten. Finde sie heraus und berichtige!

a) 4 ha = 400 a   3 dm^2 = 300 cm^2 7 m^2 = ~~70~~ **700** dm^2

b) 2 a = 200 m^2 9 m^2 = ~~9000~~ **90000** cm^2 7 cm^2 = 700 mm^2

c) 400 cm^2 = 4 dm^2 500 dm^2 = 5 ~~a~~ **m^2**   6000 cm^2 = 60 dm^2

d) 8 ha = ~~800000~~ **80000** m^2 400 m^2 = 40000 ~~cm^2~~ **dm^2**   40 m^2 = 400000 cm^2

Thema: 6. Brüche	**Name:**
Inhalt: 6.1 Brüche am Kreis, am Rechteck, bei Größen	**Klasse:**

1. In der Darstellung der Brüche sind Fehler enthalten. *Finde sie und stelle richtig!*

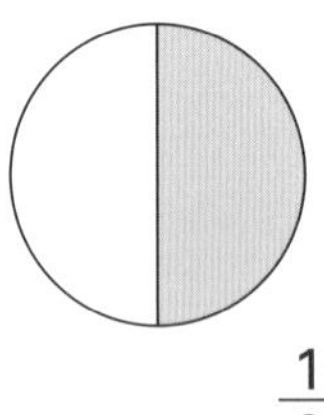

$\frac{1}{2}$

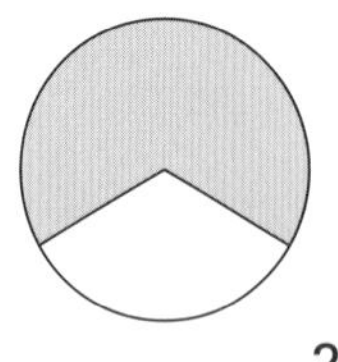

$\frac{2}{3}$

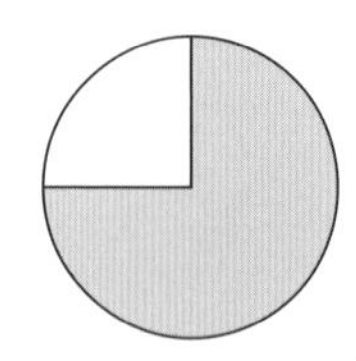

$\frac{2}{4}$

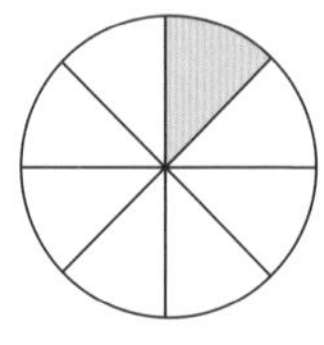

$\frac{1}{8}$

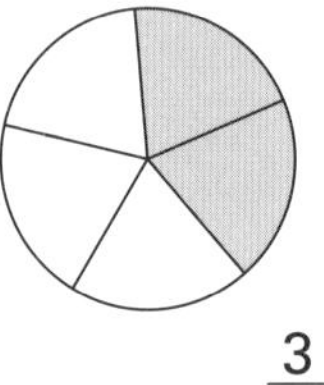

$\frac{3}{5}$

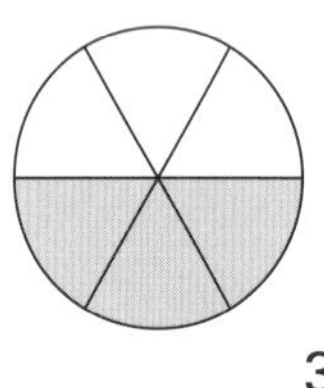

$\frac{3}{6}$

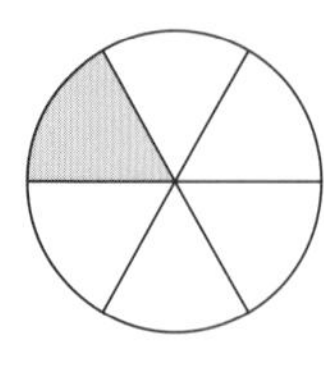

$\frac{1}{5}$

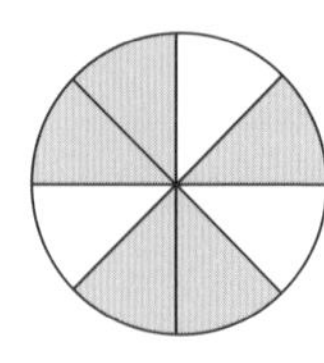

$\frac{5}{8}$

2. Kreuze an, welche Brüche den Anteil $\frac{1}{2}$ darstellen!

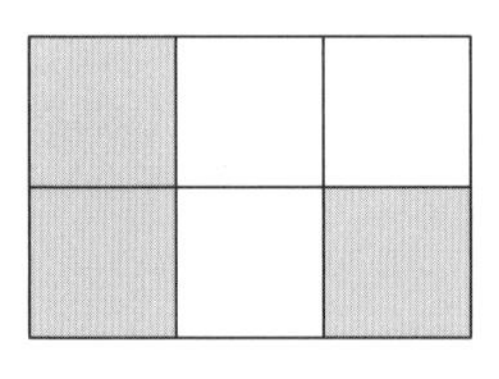

○

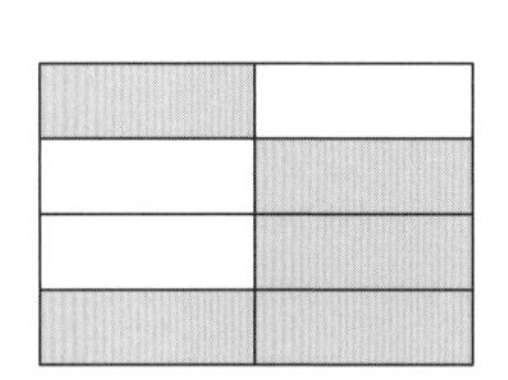

○

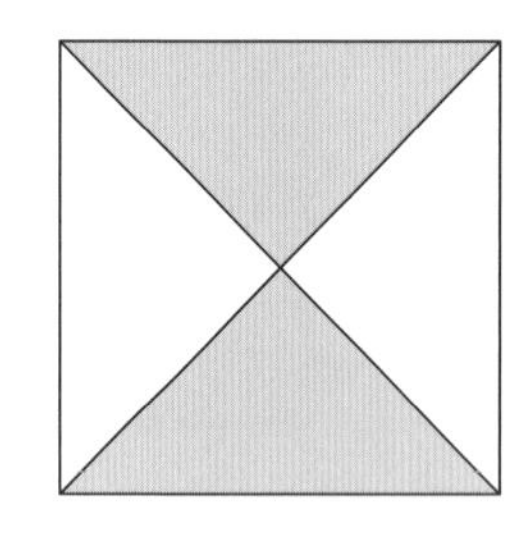

○

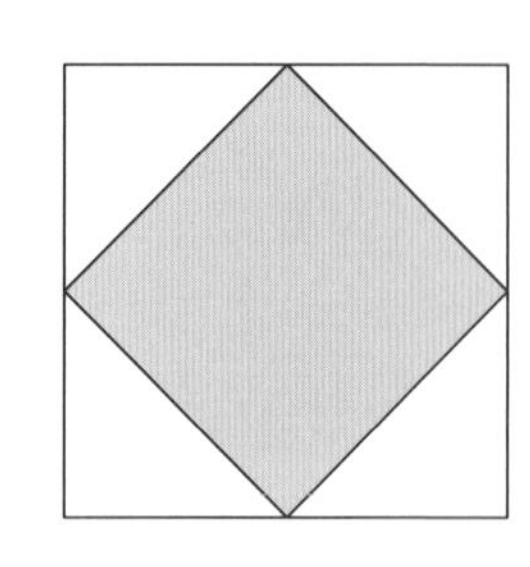

○

3. Ergänze (wenn nötig) zu $\frac{3}{4}$ der Gesamtfläche!

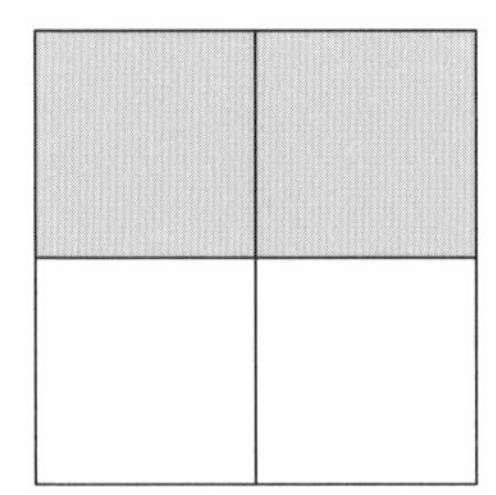

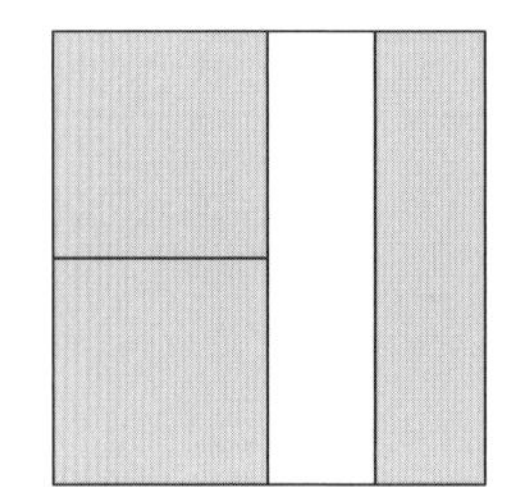

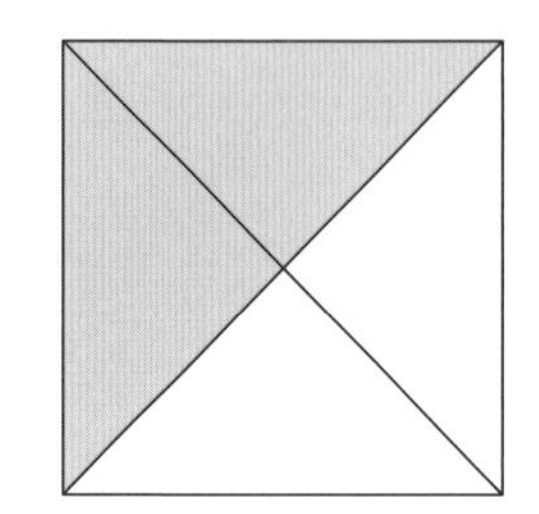

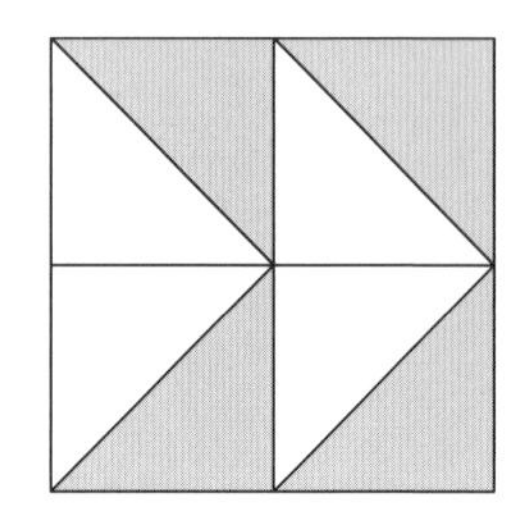

4. Ergänze!

- $\frac{2}{3}$ bedeutet: Ich teile das Ganze in drei Teile und ______________________________
- Der Nenner gibt an, in wie viele Teile ______________________________
- Der Zähler gibt an, ______________________________

Thema: **6. Brüche**	**Name:**
Inhalt: 6.1 Brüche am Kreis, am Rechteck, bei Größen	**Klasse:**

5. Ergänze zu Ganzen! Gezeichnet sind:

$\frac{3}{4}$ 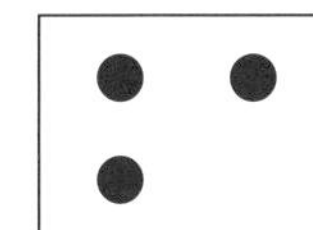

$\frac{2}{3}$ 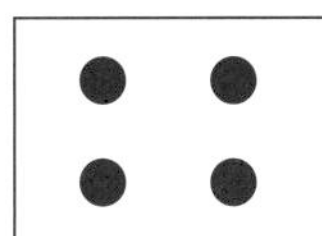

$\frac{5}{8}$ 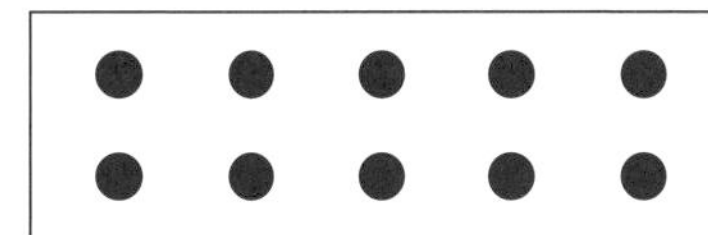

$\frac{4}{7}$ 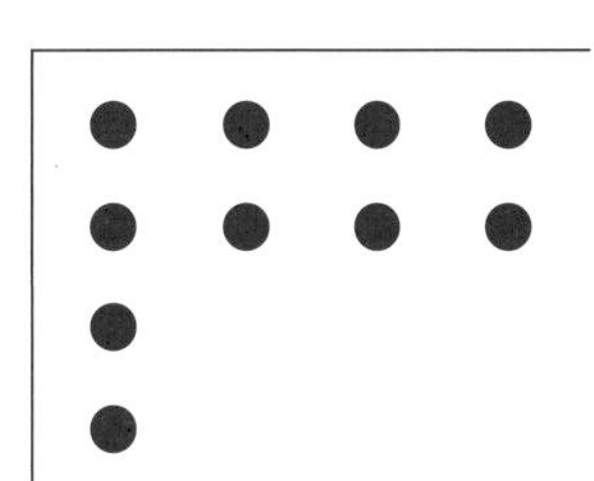

$\frac{1}{3}$ 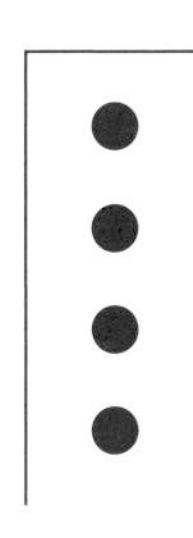

$\frac{4}{5}$ 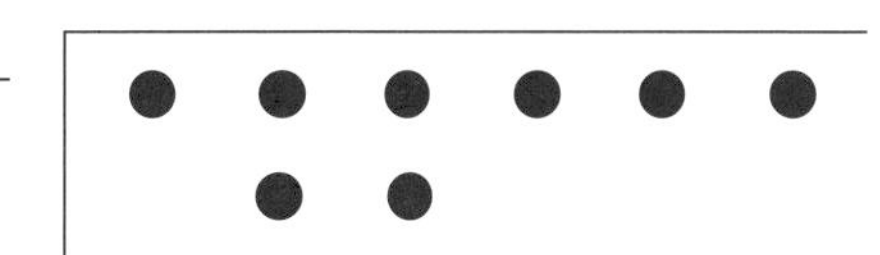

6. Richtig oder falsch? Berichtige, wenn nötig!

a)	$\frac{1}{2}$ km = 250 m	$\frac{1}{2}$ t = 500 kg	$\frac{1}{2}$ h = 50 min	$\frac{1}{2}$ hl = 50 l
b)	$\frac{3}{4}$ m = 75 cm	$\frac{1}{8}$ km = 150 m	$\frac{1}{6}$ h = 10 min	$\frac{2}{5}$ kg = 200 g
c)	$\frac{1}{4}$ Tag = 8 h	$1\frac{1}{2}$ Jahre = 15 Mo	$\frac{3}{4}$ kg = 650 g	$\frac{7}{10}$ cm = 7 mm
d)	$\frac{1}{4}$ hl = 25 l	$\frac{2}{5}$ h = 20 min	$\frac{3}{5}$ t = 600 kg	$2\frac{1}{2}$ kg = 1 500 g

7. Welche Bruchteile sind hier dargestellt?

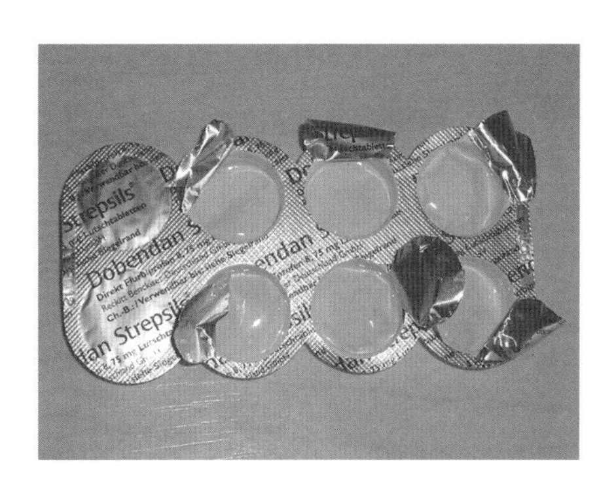

Schokoküsse: ____________________

Tabletten: ____________________

Limo-Kiste: ____________________

Eierschachtel: ____________________

Thema: **6. Brüche**	**Lösung**
Inhalt: 6.1 Brüche am Kreis, am Rechteck, bei Größen	

1. In der Darstellung der Brüche sind Fehler enthalten. *Finde sie und stelle richtig!*

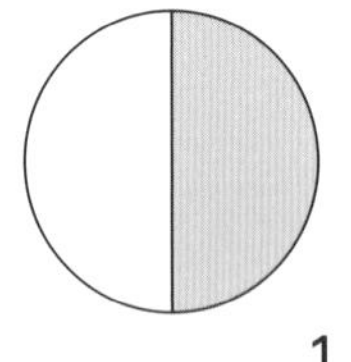

$\frac{1}{2}$ ✓

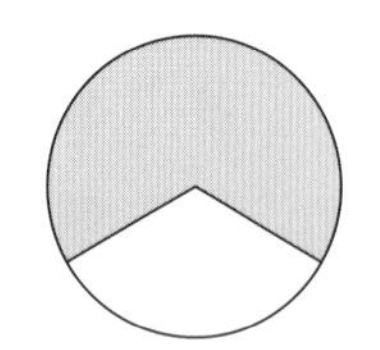

$\frac{2}{3}$ ✓

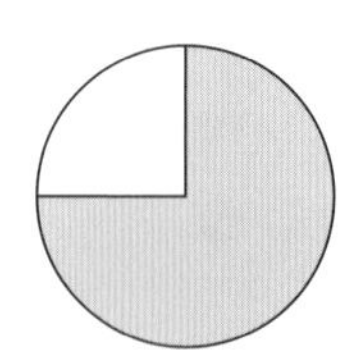

~~$\frac{2}{4}$~~ $\frac{3}{4}$

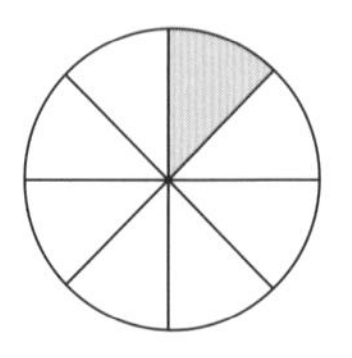

$\frac{1}{8}$ ✓

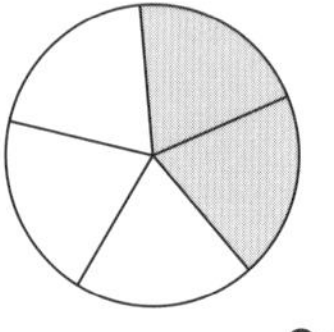

~~$\frac{3}{5}$~~ $\frac{2}{5}$

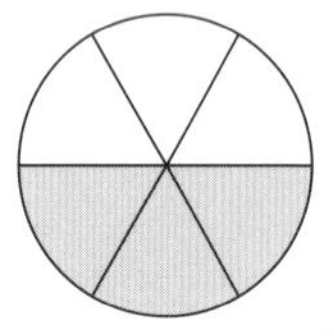

$\frac{3}{6}$ ✓

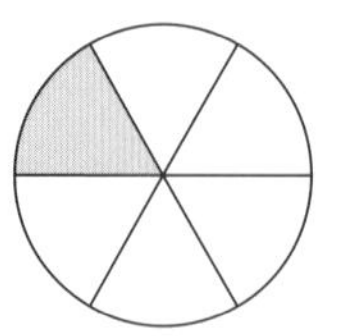

~~$\frac{1}{5}$~~ $\frac{1}{6}$

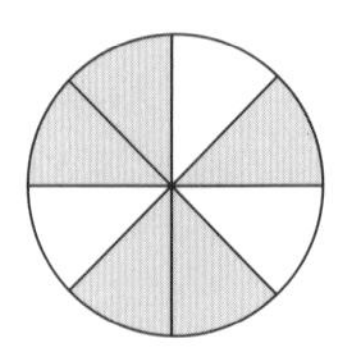

$\frac{5}{8}$ ✓

2. Kreuze an, welche Brüche den Anteil $\frac{1}{2}$ darstellen!

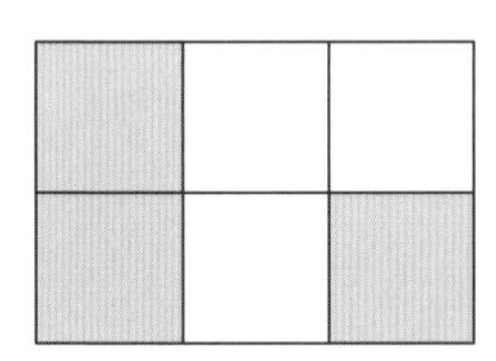

(✗)

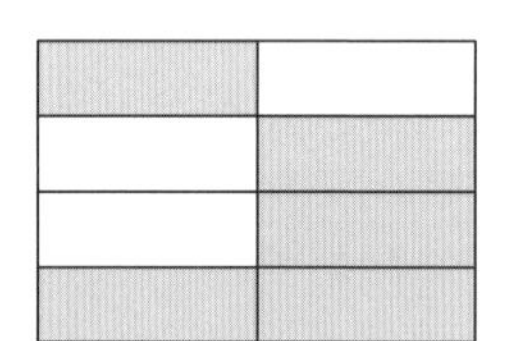

○

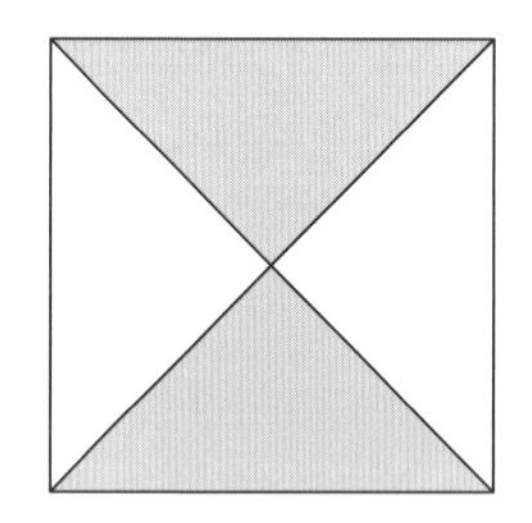

(✗)

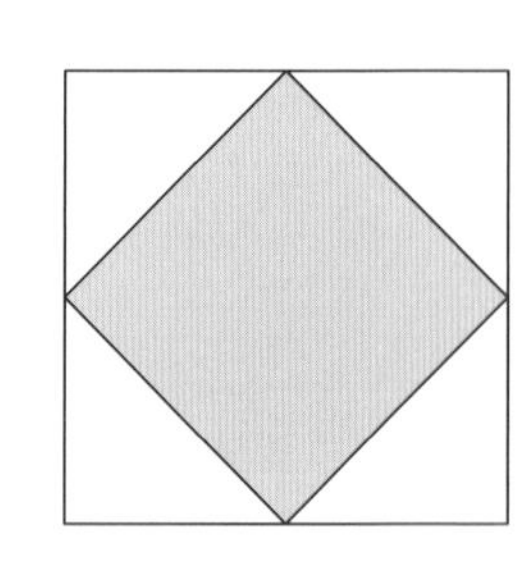

(✗)

3. Ergänze (wenn nötig) zu $\frac{3}{4}$ der Gesamtfläche!

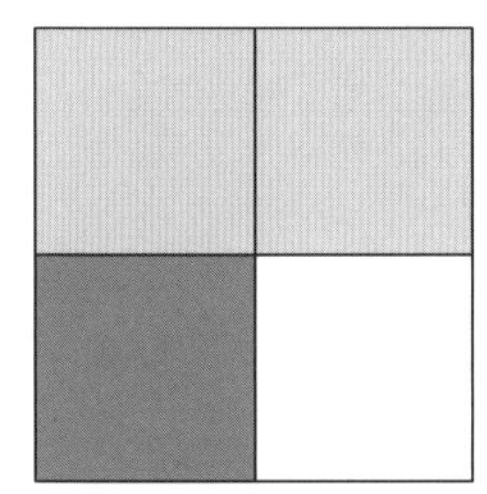

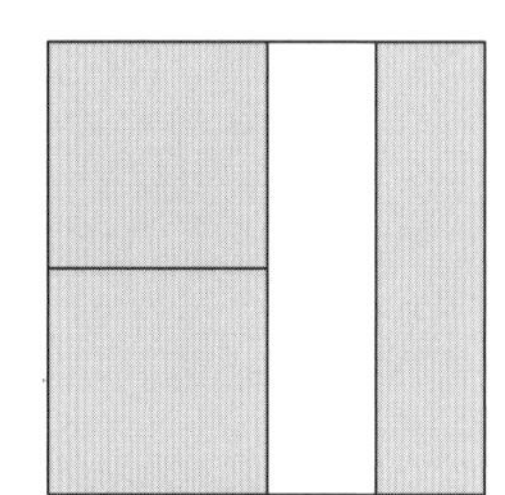

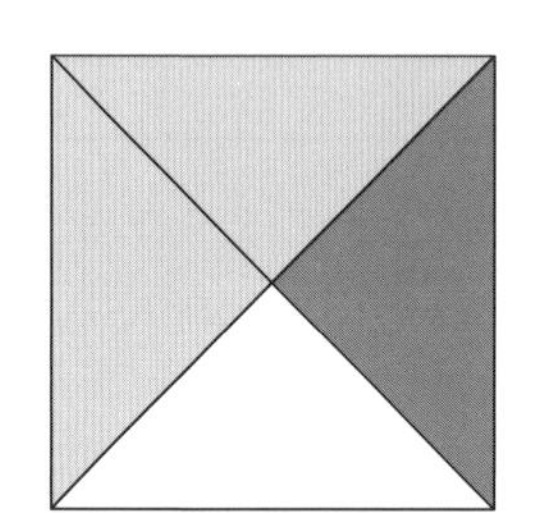

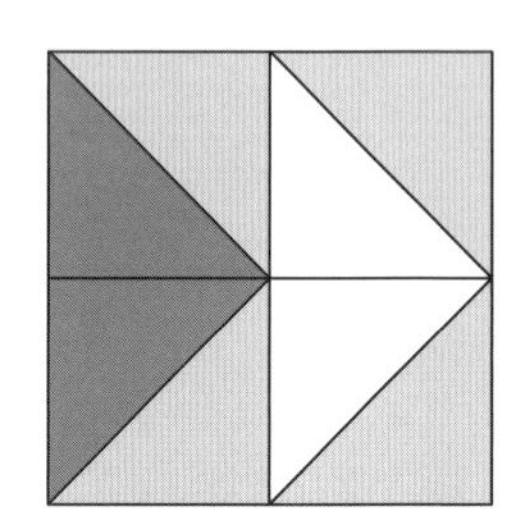

4. Ergänze!

- $\frac{2}{3}$ bedeutet: Ich teile das Ganze in drei Teile und **nehme 2 davon.**
- Der Nenner gibt an, in wie viele Teile **das Ganze aufgeteilt ist.**
- Der Zähler gibt an, **wie viele Teile davon genommen werden.**

5. Ergänze zu Ganzen! Gezeichnet sind:

$\frac{3}{4}$ $\frac{2}{3}$ $\frac{5}{8}$

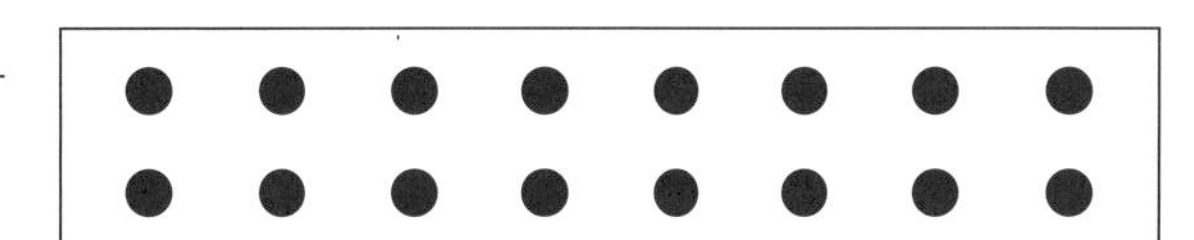

$\frac{4}{7}$

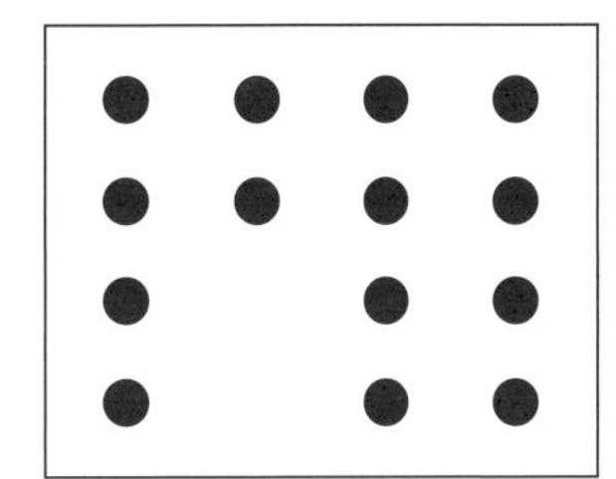

$\frac{1}{3}$

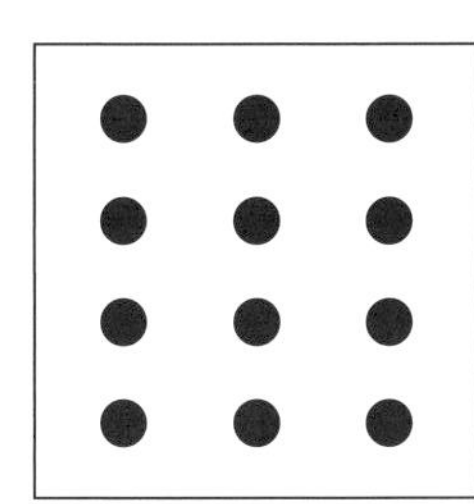

$\frac{4}{5}$

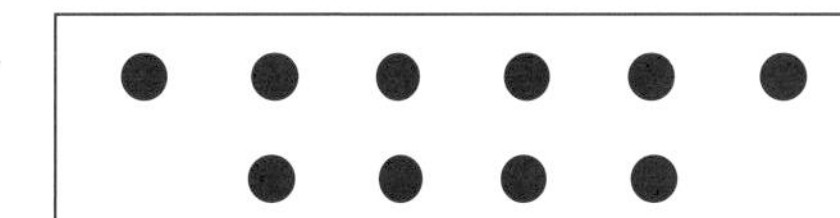

6. Richtig oder falsch? Berichtige, wenn nötig!

a)	$\frac{1}{2}$ km = ~~250~~ **500** m	$\frac{1}{2}$ t = 500 kg	$\frac{1}{2}$ h = ~~50~~ **30** min	$\frac{1}{2}$ hl = 50 l
b)	$\frac{3}{4}$ m = 75 cm	$\frac{1}{8}$ km = ~~150~~ **125** m	$\frac{1}{6}$ h = 10 min	$\frac{2}{5}$ kg = ~~200~~ **400** g
c)	$\frac{1}{4}$ Tag = ~~8~~ **6** h	$1\frac{1}{2}$ Jahre = ~~15~~ **18** Mo	$\frac{3}{4}$ kg = ~~650~~ **750** g	$\frac{7}{10}$ cm = 7 mm
d)	$\frac{1}{4}$ hl = 25 l	$\frac{2}{5}$ h = ~~20~~ **24** min	$\frac{3}{5}$ t = 600 kg	$2\frac{1}{2}$ kg = ~~1500~~ **2500** g

7. Welche Bruchteile sind hier dargestellt?

Schokoküsse: $\frac{8}{9}$

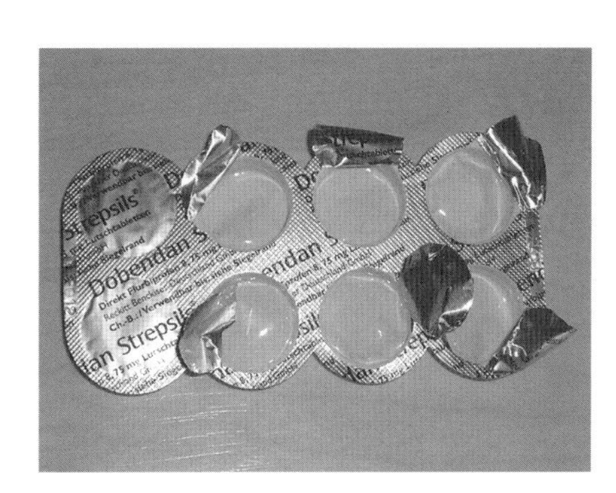

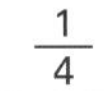

Tabletten: $\frac{1}{4}$

Limo-Kiste: $\frac{4}{5}$

Eierschachtel: $\frac{4}{5}$

Thema: **6. Brüche**	**Name:**
Inhalt: 6.2 Brüche addieren und subtrahieren	**Klasse:**

1. Stelle die Addition auf drei verschiedene Arten dar: $\frac{3}{8} + \frac{2}{8} = \frac{5}{8}$*!*

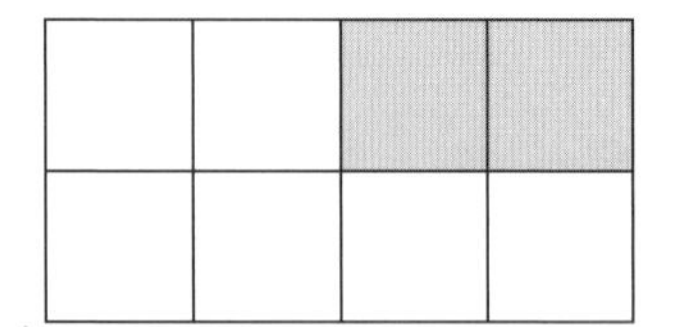 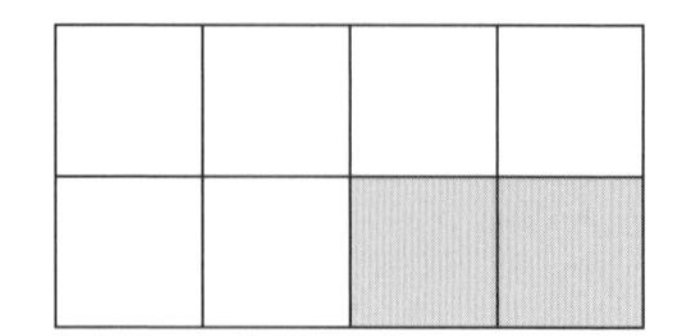 

2. Stelle dar: $\frac{1}{6} + \frac{3}{6} = \frac{4}{6}$*! (Das Endergebnis könnte man auch anders schreiben.)*

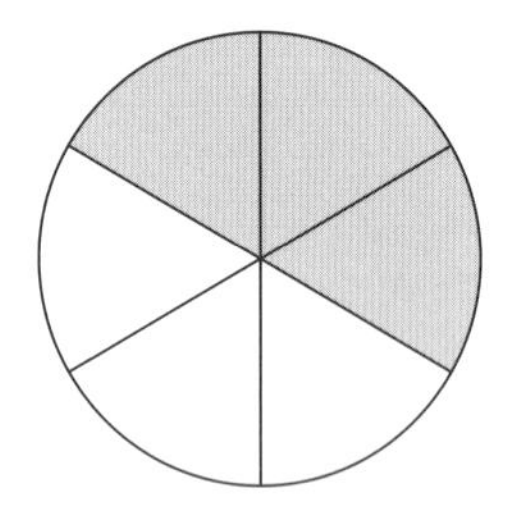 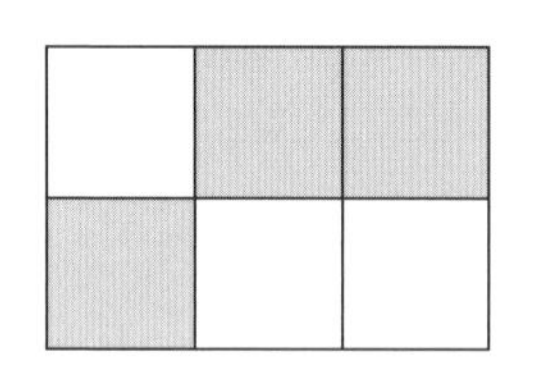 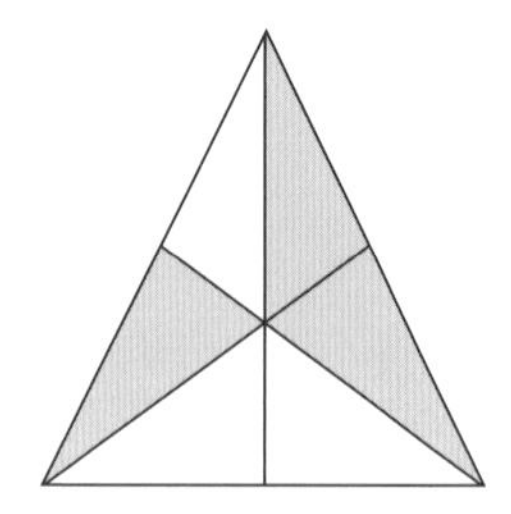

3. Stelle grafisch dar!

15 min + 30 min =

$\frac{1}{3}$ h + $\frac{1}{3}$ h =

$\frac{1}{6}$ h + $\frac{4}{6}$ h =

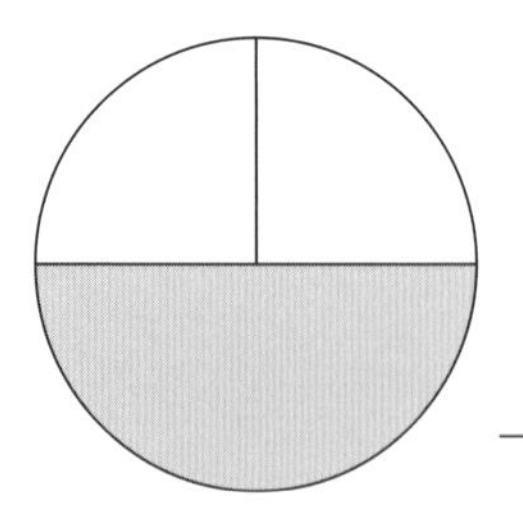 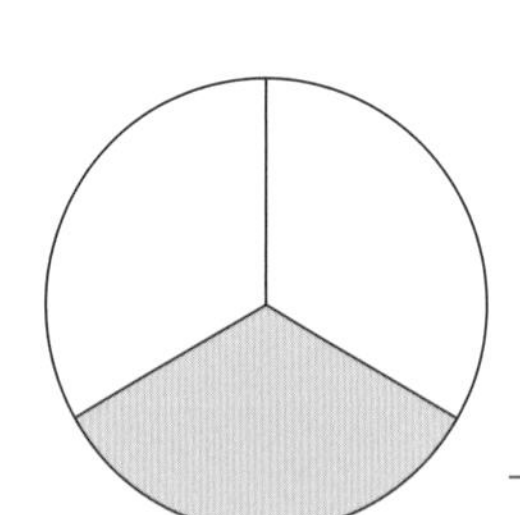 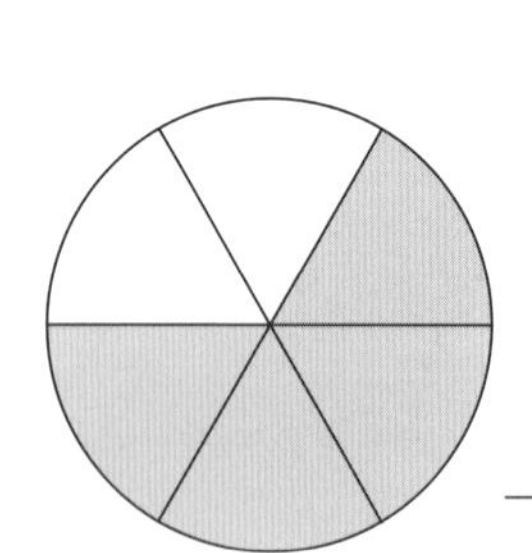

4. Wie viele Bruchteile muss man addieren, um ein Ganzes zu erhalten?

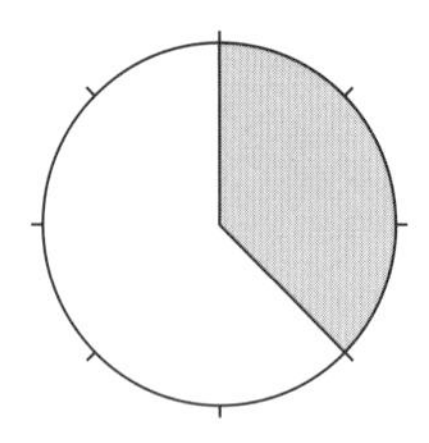 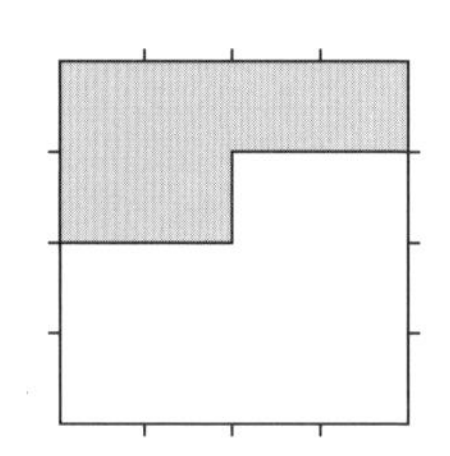 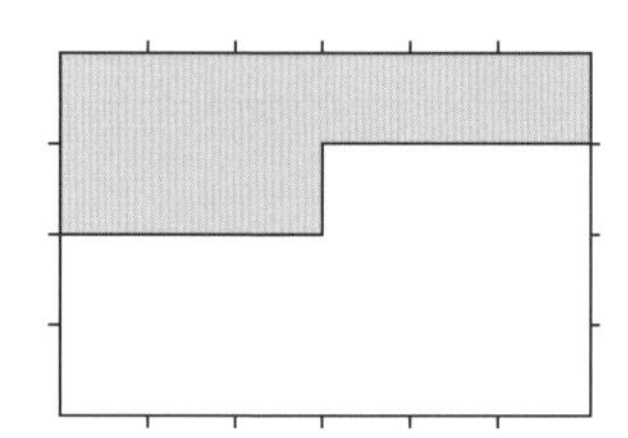 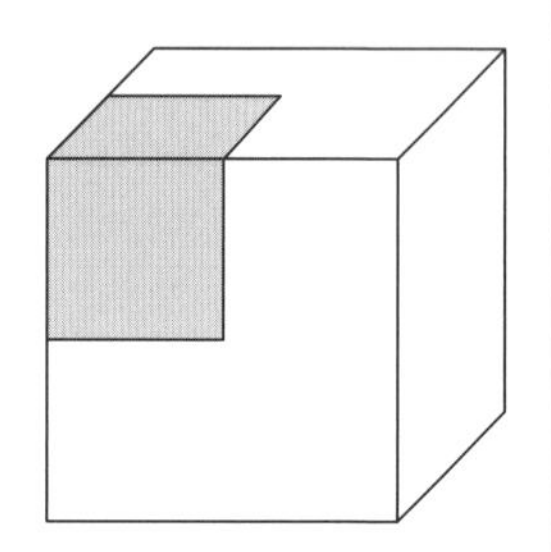

5. Stelle zwei Rechenfragen zum Foto!

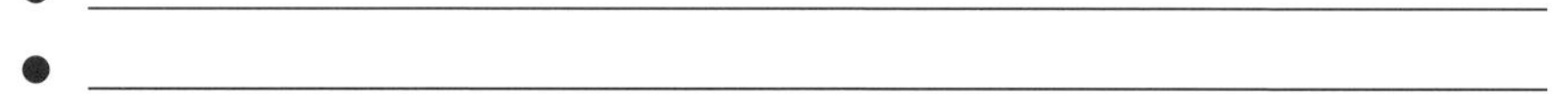

- ____________________
- ____________________
- ____________________
- ____________________

Thema: 6. **Brüche**	**Name:**
Inhalt: 6.2 Brüche addieren und subtrahieren	**Klasse:**

6. Schreibe als Subtraktion!

______ ______ ______

7. Formuliere eine Rechenaufgabe!

In dem Messbecher befindet sich noch ein Viertelliter Saft … ______

______

______

______

______

______

______

8. Kreuze die richtigen Aussagen an!

- ☐ Es wurden drei Schokoküsse entnommen.
- ☐ Dieser Anteil entspricht drei Zehnteln.
- ☐ Dieser Anteil entspricht drei Neunteln.
- ☐ Dieser Anteil entspricht einem Drittel.
- ☐ Es sind noch sechs Schokoküsse enthalten.
- ☐ Das entspricht einem Anteil von einem Viertel.
- ☐ Das entspricht einem Anteil von einem Drittel.
- ☐ Das entspricht einem Anteil von zwei Dritteln.
- ☐ Das entspricht einem Anteil von sechs Neunteln.
- ☐ Man kann dieser Schachtel nicht die Hälfte der Schokoküsse entnehmen.

Thema: **6. Brüche**	**Lösung**
Inhalt: 6.2 Brüche addieren und subtrahieren	

1. Stelle die Addition auf drei verschiedene Arten dar: $\frac{3}{8} + \frac{2}{8} = \frac{5}{8}$!

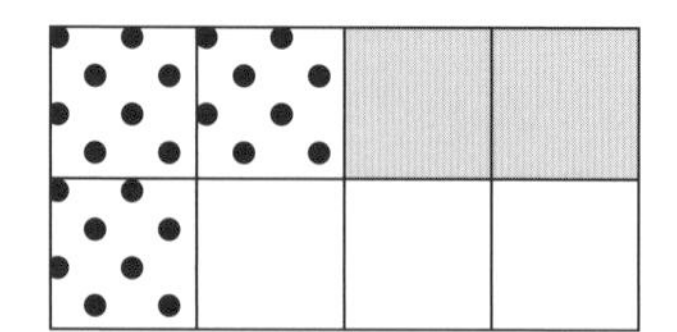
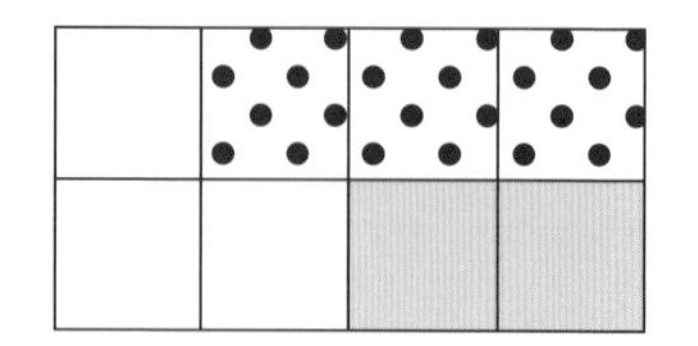
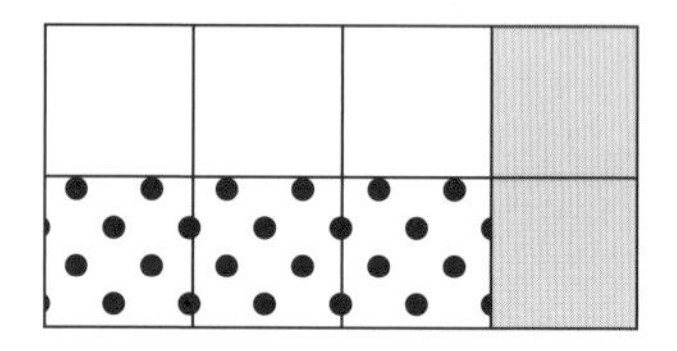

2. Stelle dar: $\frac{1}{6} + \frac{3}{6} = \frac{4}{6}$! (Das Endergebnis könnte man auch anders schreiben.)

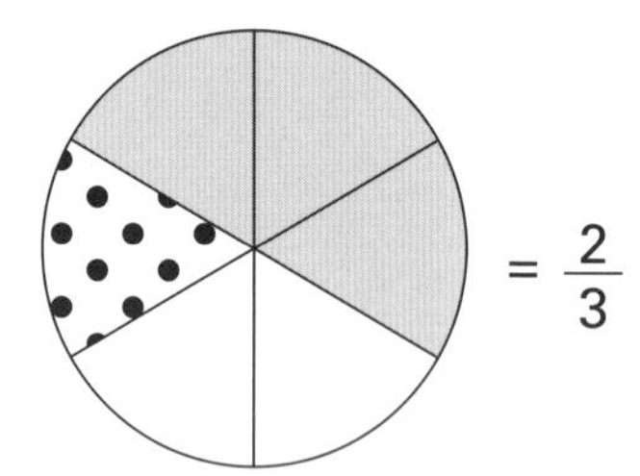
$= \frac{2}{3}$

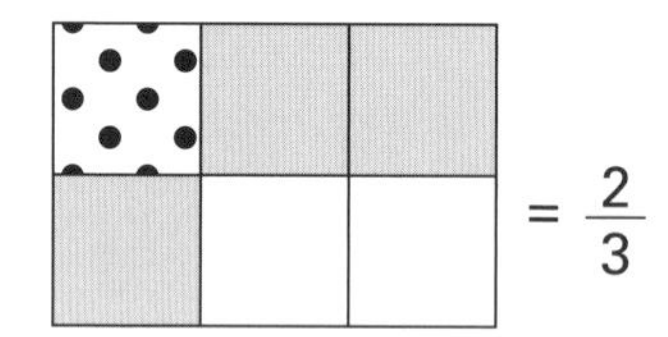
$= \frac{2}{3}$

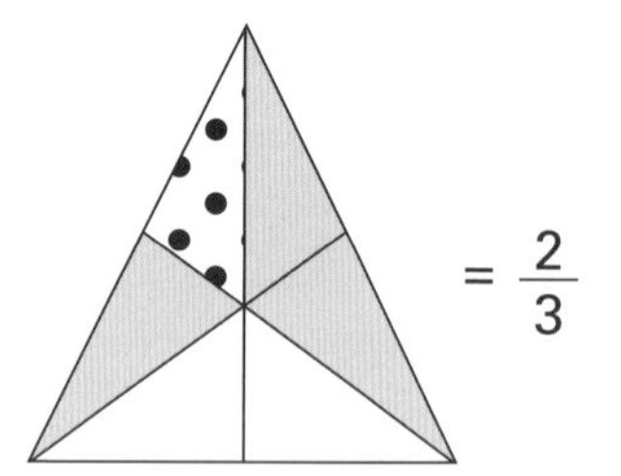
$= \frac{2}{3}$

3. Stelle grafisch dar!

15 min + 30 min =

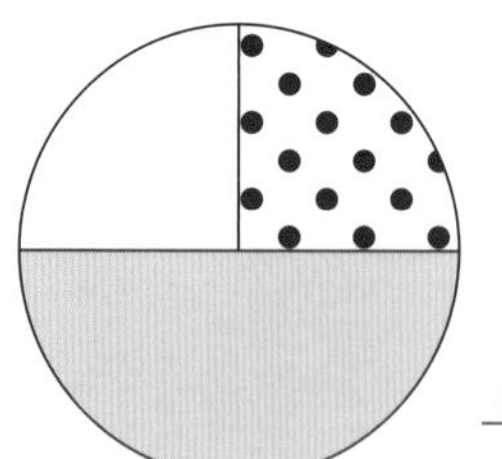
<u>= 45 min</u>

$\frac{1}{3}$ h + $\frac{1}{3}$ h =

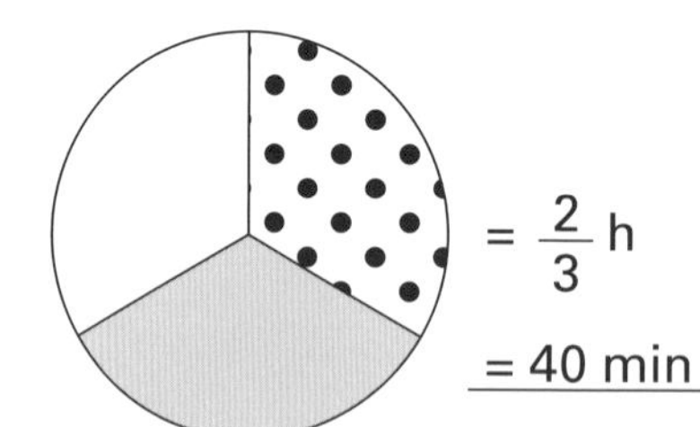
$= \frac{2}{3}$ h

<u>= 40 min</u>

$\frac{1}{6}$ h + $\frac{4}{6}$ h =

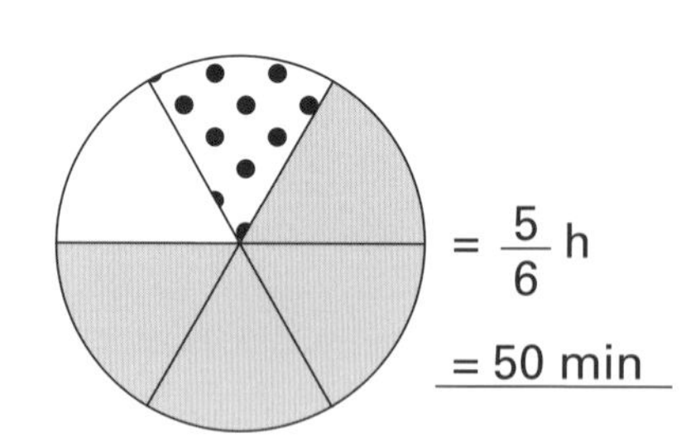
$= \frac{5}{6}$ h

<u>= 50 min</u>

4. Wie viele Bruchteile muss man addieren, um ein Ganzes zu erhalten?

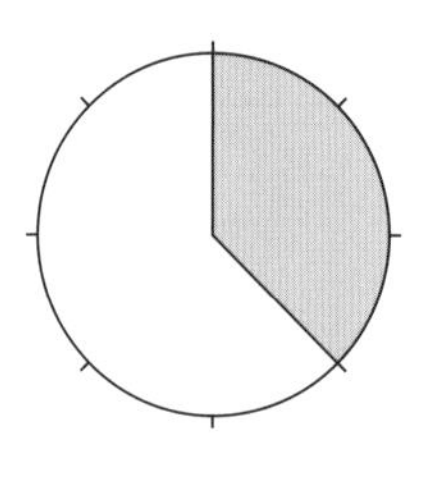
$\frac{5}{8}$

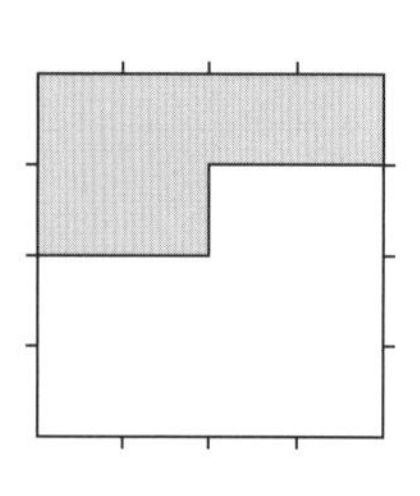
$\frac{10}{16}$

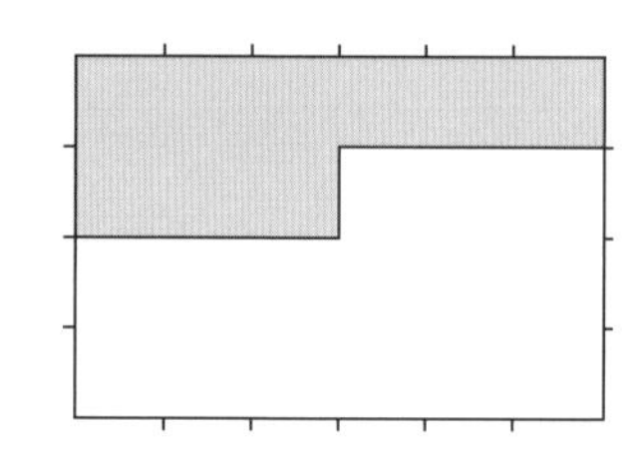
$\frac{15}{24}$

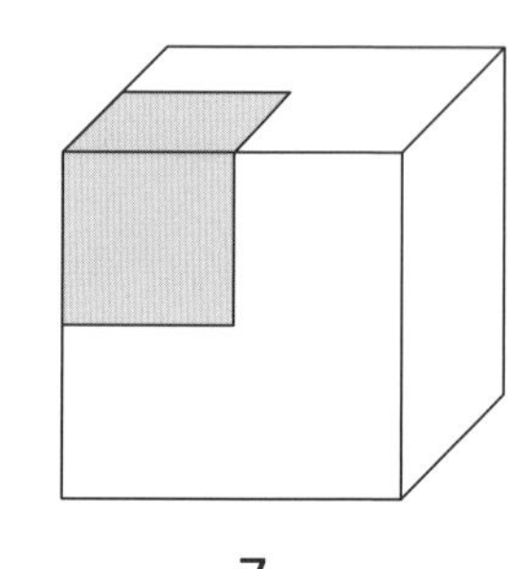
$\frac{7}{8}$

5. Stelle zwei Rechenfragen zum Foto!

- <u>**Welcher Bruchteil wurde dem Kasten entnommen?**</u>
- <u>**Welcher Bruchteil ist noch vorhanden?**</u>
- <u>**Wie viele Bruchteile ergeben ein Ganzes?**</u>
- <u>**Wie groß ist der kleinste Bruchteil?**</u>

Thema: **6. Brüche**	**Lösung**
Inhalt: 6.2 Brüche addieren und subtrahieren	

6. Schreibe als Subtraktion!

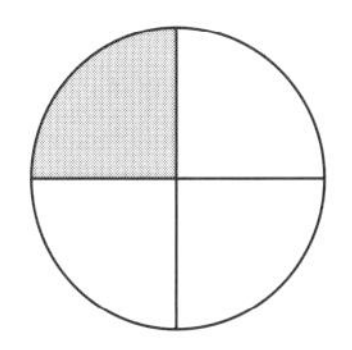

$\frac{4}{4} - \frac{1}{4} = \frac{3}{4}$

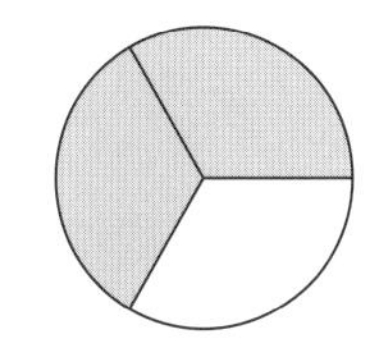

$\frac{3}{3} - \frac{2}{3} = \frac{1}{3}$

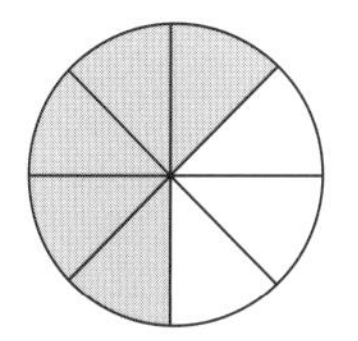

$\frac{8}{8} - \frac{5}{8} = \frac{3}{8}$

7. Formuliere eine Rechenaufgabe!

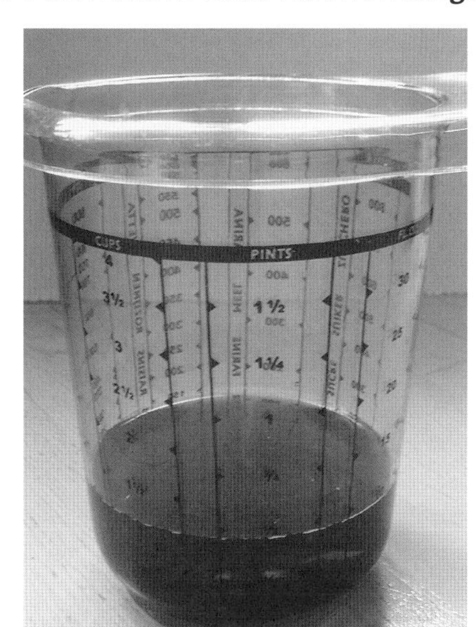

In dem Messbecher befindet sich noch ein Viertelliter Saft, **den Karin zum Backen eines Obstkuchens benötigt. Wie viele Liter waren in dem Messbecher, wenn zunächst ein halber Liter und dann ein Viertelliter Saft entnommen wurden?**

$\mathbf{\frac{1}{4} + \frac{1}{2} + \frac{1}{4} = 1}$

8. Kreuze die richtigen Aussagen an!

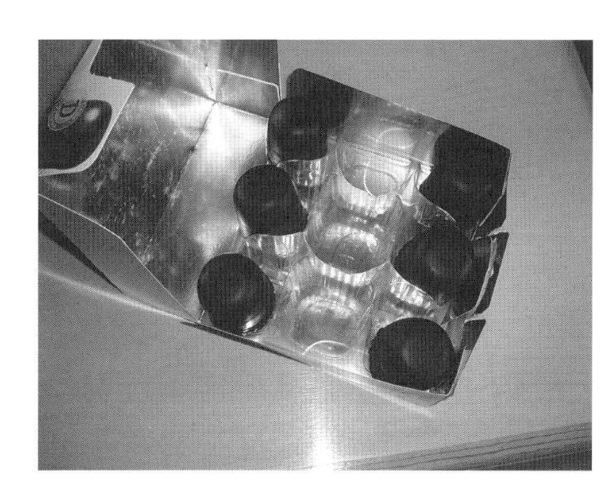

- [x] Es wurden drei Schokoküsse entnommen.
- [ ] Dieser Anteil entspricht drei Zehnteln.
- [x] Dieser Anteil entspricht drei Neunteln.
- [x] Dieser Anteil entspricht einem Drittel.
- [x] Es sind noch sechs Schokoküsse enthalten.
- [ ] Das entspricht einem Anteil von einem Viertel.
- [ ] Das entspricht einem Anteil von einem Drittel.
- [x] Das entspricht einem Anteil von zwei Dritteln.
- [x] Das entspricht einem Anteil von sechs Neunteln.
- [x] Man kann dieser Schachtel nicht die Hälfte der Schokoküsse entnehmen.

Thema: 6. Brüche	**Name:**
Inhalt: 6.3 Dezimalbrüche	**Klasse:**

1. Welche Weiten passen zu den einzelnen Leichtathletikdisziplinen der Männer?

5,95 m – 21,46 m – 8,67 m – 71,14 m – 83,68 m – 2,41 m – 94,12 m – 17,20 m

Weitsprung: ______________________

Hochsprung: ______________________

Dreisprung: ______________________

Diskuswurf: ______________________

Stabhochsprung: ______________________

Speerwurf: ______________________

Kugelstoßen: ______________________

Hammerwurf: ______________________

2. Überprüfe die Stellentafel!

	m	dm	cm	mm
2,436 m	2	4	3	6
0,751 m	7	5	1	0
4,029 m	4	2	0	9
5,384 m	5	3	8	0

	m	dm	cm	mm

3. Gib die jeweiligen Größen an!

	kg	100 g	10 g	g
	3	6	4	2
		7	4	8
	9	0	0	3
	7	0	4	0

	€	0,10 €	0,01 €
	2	4	1
	8	0	4
	0	0	8
	5	4	0

Thema: **6. Brüche**	**Name:**
Inhalt: 6.3 Dezimalbrüche	**Klasse:**

4. *Wie schwer sind die dargestellten Lebensmittel? Schätze und schreibe in kg (Dezimalschreibweise) und g!*

Zucker: ______________________________

Mehl: ______________________________

Schokoladenstreusel: ______________________

Kakao: 250 g = __________________________

Pudding: 3 · 41 g = 123 g = _________________

5. *Ordne die folgenden Angebote nach der Höhe ihrer jetzigen Preise! Beginne mit dem teuersten! Begründe, warum bei zwei Angeboten die ursprünglichen Preise verbilligt wurden! Rechne mit Überschlag und schreibe die Zahlen, die du im Kopf zusammengerechnet hast, auf!*

Das neue Geschichtenbuch
Fesselnde Lektüre für Erstleser ab 7 Jahren. 256 Seiten, Farbabb., 16 x 22 cm, geb.
Einzeln früh. ~~35.80~~
Bei Weltbild
Nr. 50 69 927 **5.–**

Fünf Freunde 3er Set
• Gefährliche Erfindung • Schatztruhe • entlarven den Betrüger. Ab 8. 3 Bände, zusammen 480 Seiten, 14 x 22 cm, geb.
Einzeln früh. ~~24.–~~
Bei Weltbild
Nr. 49 75 116 **9.95**

Die drei ??? – 3-fach-Band: Tatort Fußball
• Verdeckte Fouls • Fußballfieber • Fußball-Falle. Ab 10 Jahren. 384 Seiten, 13 x 20 cm, geb.
Nr. 50 70 342 **9.95**

Josies Pferde – Dreifachband
Spannende Pferdegeschichten: • Ein großer Tag für Faith • Zwei Herzen für Hope • Ein Zuhause für Charity. Ab 10. 432 S., geb.
Nr. 50 70 367 **7.50**

Wenn du dieses Buch liest …
Die Fortsetzung des Abenteuers von Kassandra & Max-Ernest. Ab 10. 356 Seiten, 15 x 21 cm, geb.
Nr. 50 70 669 **14.95**

____

____

____

____

Thema: **6. Brüche**

Inhalt: 6.3 Dezimalbrüche

Lösung

1. Welche Weiten passen zu den einzelnen Leichtathletikdisziplinen der Männer?

5,95 m – 21,46 m – 8,67 m – 71,14 m – 83,68 m – 2,41 m – 94,12 m – 17,20 m

Weitsprung: **8,67 m**

Hochsprung: **2,41 m**

Dreisprung: **17,20 m**

Diskuswurf: **71,14 m**

Stabhochsprung: **5,95 m**

Speerwurf: **94,12 m**

Kugelstoßen: **21,46 m**

Hammerwurf: **83,86 m**

2. Überprüfe die Stellentafel!

	m	dm	cm	mm
2,436 m	2	4	3	6
0,751 m	7	5	1	0
4,029 m	4	2	0	9
5,384 m	5	3	8	0

	m	dm	cm	mm
✓				
	0	7	5	1
	4	0	2	9
	5	3	8	4

3. Gib die jeweiligen Größen an!

	kg	100 g	10 g	g
3,642 kg	3	6	4	2
0,748 kg		7	4	8
9,003 kg	9	0	0	3
7,040 kg	7	0	4	0

	€	0,10 €	0,01 €
2,41 €	2	4	1
8,04 €	8	0	4
0,08 €	0	0	8
5,40 €	5	4	0

Thema: 6. Brüche	**Lösung**
Inhalt: 6.3 Dezimalbrüche	

4. Wie schwer sind die dargestellten Lebensmittel?
Schätze und schreibe in kg (Dezimalschreibweise) und g!

Zucker: **1000 g = 1,0 kg**

Mehl: **1000 g = 1,0 kg**

Schokoladenstreusel: **400 g = 0,4 kg**

Kakao: 250 g = **0,25 kg**

Pudding: 3 · 41 g = 123 g = **0,123 kg**

5. Ordne die folgenden Angebote nach der Höhe ihrer jetzigen Preise!
Beginne mit dem teuersten!
Begründe, warum bei zwei Angeboten die ursprünglichen Preise verbilligt wurden! Rechne mit Überschlag und schreibe die Zahlen, die du im Kopf zusammengerechnet hast, auf!

Das neue Geschichtenbuch
Fesselnde Lektüre für Erstleser ab 7 Jahren. 256 Seiten, Farbabb., 16 x 22 cm, geb.
Einzeln früh. ~~35,80~~
Bei Weltbild
Nr. 50 69 927 **5,–**

Fünf Freunde 3er Set
• Gefährliche Erfindung • Schatztruhe • entlarven den Betrüger. Ab 8. 3 Bände, zusammen 480 Seiten, 14 x 22 cm, geb.
Einzeln früh. ~~24,–~~
Bei Weltbild
Nr. 49 75 116 **9,95**

Die drei ??? – 3-fach-Band: Tatort Fußball
• Verdeckte Fouls • Fußballfieber • Fußball-Falle. Ab 10 Jahren. 384 Seiten, 13 x 20 cm, geb.
Nr. 50 70 342 **9,95**

Josies Pferde – Dreifachband
Spannende Pferdegeschichten: • Ein großer Tag für Faith • Zwei Herzen für Hope • Ein Zuhause für Charity. Ab 10. 432 S., geb.
Nr. 50 70 367 **7,50**

Wenn du dieses Buch liest …
Die Fortsetzung des Abenteuers von Kassandra & Max-Ernest. Ab 10. 356 Seiten, 15 x 21 cm, geb.
Nr. 50 70 669 **14,95**

14,95 € – 9,95 € – 9,95 € – 7,50 € – 5,00 €

Die jeweiligen Bücher sind vielleicht in einer preisgünstigen Sonderauflage erschienen.

15 € + 10 € + 10 € + 10 € (5 €) + 5 € = 50 (45) €

Thema: **6. Brüche**	**Name:**
Inhalt: 6.4 Dezimalbrüche addieren und subtrahieren	**Klasse:**

1. Hier haben sich Fehler eingeschlichen. *Findest du sie?*

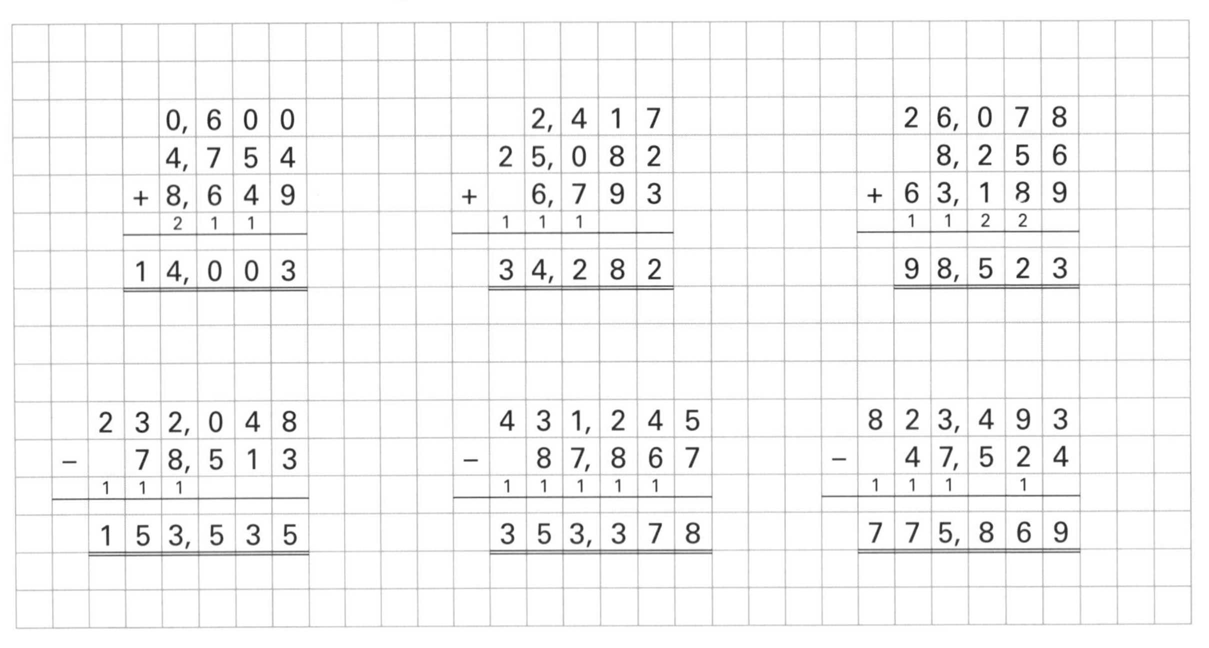

2. Das Bild zeigt den Grundriss einer Wohnung. *Wie groß ist die gesamte Wohnfläche? Ordne die einzelnen Größen den Zimmern zu! Vom Balkon wird nur ein Teil als Wohnfläche berechnet. Wie groß ist dieser Anteil?*

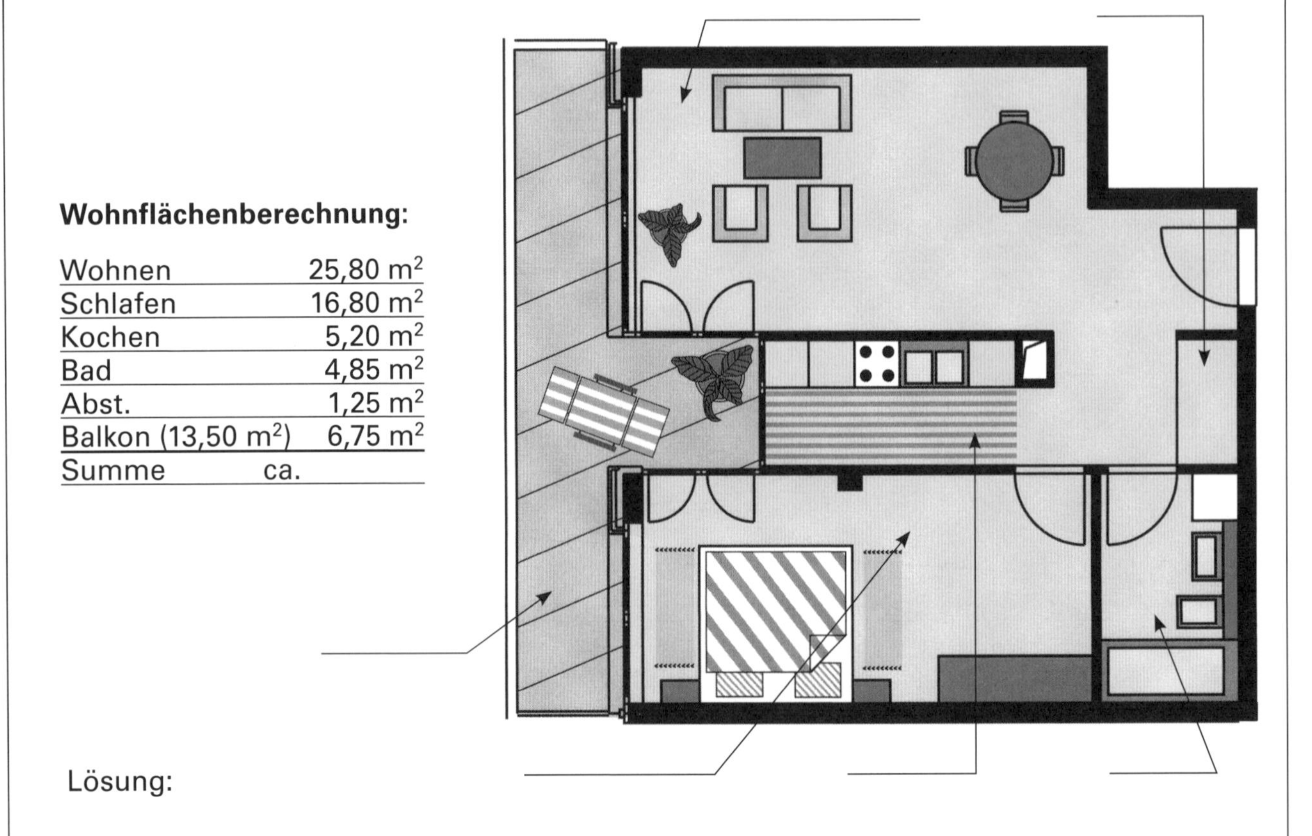

Wohnflächenberechnung:

Wohnen	25,80 m²
Schlafen	16,80 m²
Kochen	5,20 m²
Bad	4,85 m²
Abst.	1,25 m²
Balkon (13,50 m²)	6,75 m²
Summe ca.	

Lösung:

Thema: 6. Brüche	**Name:**
Inhalt: 6.4 Dezimalbrüche addieren und subtrahieren	**Klasse:**

3. Erfinde Rechengeschichten!

Nudelgerichte ① Spaghetti | 2 Rigatoni | 3* Tortellini | 4 Penne | 5* Gnocchi | 6* Tagliatele — *) Aufpreis 0,50 Euro

Bestellen Sie Ihre Nudeln individuell: z. B. 43 + „1" = Carbonara mit Spaghetti

Nr.	Gericht	Normal	Groß
38	**Aglio Olio,** mit Olivenöl, Knoblauch, Chilli	6,00	8,00
39	**Quattro Formaggi, vier Käsesorten**	7,00	9,00
40	**Napoli,** Tomatensauce	5,00	7,00
41	**Bolognese,** Hackfleischsauce	5,50	8,00
42	**Panna,** Schinken*I)II)III)IV)1)9), Sahne	5,50	8,00
(43)	**Carbonara,** Schinken,Sahne, Ei	5,50	8,00
44	**Pesto,** Basilikum, Knoblauch, Sahnesauce	5,50	8,00
45	**Gorgonzola,** Gorgonzola, Sahne	6,50	9,00
46	**Chef,** Schinken*I)II)III)IV)1)9),Erbsen, Champignons, Sahne, Tomatensauce	6,50	9,00
47	**Amatricana,** Speck*II)IX)2)3)9), Zwiebeln, Tomatensauce	6,50	9,00
48	**Arabiata,** Knoblauch, Tomatensauce, Zwiebeln, Oliven, Peperoni, scharf	6,50	8,50
49	**Tonno,** mit Thunfisch und Tomatensauce	6,50	8,50
51	**Meeresfrüchte,** Tomatensauce	7,00	9,00
52	**Broccoli,** Tomaten, Sahne	6,50	8,50
53	**Pfifferlinge,** Sahnesauce	8,00	10,00
54	**Steinpilze,** Sahnesauce	8,00	10,00

MITTAGS-LIEFERPREISE alle Gerichte Normal 4,90 Groß 6,90 Nr. 60 Nudelplatte 13,50

überbacken mit Käse: Aufpreis Normal Euro 0,50 Groß Euro 0,75

Tagliatelle

Nr.	Gericht	Normal	Groß
55	**Tagliatelle al Salmone,** Lachs und Sahnesoße	8,00	10,00
5500	**Tagliatelle Orientali,** Curry, Krabben, Zwiebeln, Rahmsoße	8,00	10,00
5501	**Tagliatelle Xaxi,** Schinken*I)II)III)IV)1)9), Broccoli, Gorgonzola, Sahne	8,00	10,00

Nudelgerichte (überbacken)

Nr.	Gericht	Normal	Groß
56	**Lasagne überbacken,** mit Hackfleisch und Sahnesauce	7,00	9,50
57	**Lasagne ZENTRAL,** Champignons, Zucchini, Mozzarella, Broccoli, vegetarisch	7,00	9,50
58	**Combinazione,** Lasagne, Canneloni, Tortellini - überbacken	7,50	9,50
59	**Tris,** Rigatoni, Tortellini, Spaghetti - mit Tomaten und Sahnesauce - überbacken	7,00	9,00
60	**Nudelplatte für 4 - 5 Personen (vier versch. Nudeln mit vier verschiedenen Soßen)** überbacken	--,--	16,50
61	**Canneloni überbacken**	7,00	9,00

Fleisch- u. Fischgerichte

Nr.	Gericht	Preis
68	**Piccata Milanese** (Weissweinsauce mit frischen Tomaten, Chilli, Spaghetti und Salat)	9,00
69	**Schnitzel** mit Gorgonzola dazu Kroketten und Salat	8,50
70	**Schweineschnitzel »Pizzaiola«** dazu Kroketten und Salat	9,00
71	**Schweineschnitzel paniert,** mit Pommes und Salat	7,50
72	**Champignonrahmschnitzel** mit Nudeln und Salat	8,00
73	**Cordon-bleu** mit Pommes frites und Salat	8,50
74	**Paprikarahmschnitzel,** mit Reis und Salat	8,00
75	**Putenschnitzel,** mit Pommes und Salat	8,00
171	**Hawaiischnitzel,** Schinken, Ananas, mit Käse überbacken, Pommes und Salat	8,50
172	**Schweineschnitzel »Bolognese«** mit Spaghetti und Salat	8,50
173	**Spargelschnitzel,** mit Sauce Hollandaise, Pommes und Salat	8,50
174	**Pfefferschnitzel,** mit grünem Pfeffer, Sahnesoße, Pommes und Salat	8,50
76	**Calamari fritti** mit Salat	8,50
77	**Calamari Pizzaiola** mit Reis und Salat	9,00
177	**Calamari Antonia,** mit Weisswein und frischen Tomaten, Knoblauch, scharf, mit Reis und Salat	9,00

Mexikanische Spezialitäten

Nr.	Gericht	Preis
63	**Tacos mit Hackfleisch,** Zwiebeln, Mais, gefüllt und überbacken, scharf	7,50
64	**Tacos** vegetarisch mit Bohnen, Mais, Erbsen, Zwiebeln, scharf gefüllt und überbacken	7,50
65	**Tacos "Chef"** mit Bohnen, Speck, Mais und Zwiebeln gefüllt und überbacken, scharf	7,50
66	**Tacos** mit Hühnerfleisch, Gemüse, mit Mais und Zwiebeln gefüllt und überbacken, scharf	7,50
67	**Chilli con Carne** (scharfer Bohneneintopf) mit Pizzabrot	8,50

Indische Gerichte

Nr.	Gericht	Preis
78	**Hühnerfleisch** mit kr. Currysauce, dazu Reis	8,00
79	**Hühnerfleisch** mit gerösteten Zwiebeln, Tomaten und Kaschmirgewürzen, dazu Reis	8,00
80	**Hühnerfleisch** mit Paprika und Zwiebeln (scharf!), dazu Reis	8,00
81	**Hühnerfleisch** mit Spinat und Vindaloo (scharf!), dazu Reis	8,00
82	**Hühnerfleisch** mit gebratenem **Gemüse** und Currysauce, dazu Reis	8,00
83	**Lamm** mit kräftiger Currysauce dazu Reis	9,00
84	**Lamm** mit Spinat und Currysauce dazu Reis	9,00
85	**Lamm** Vindaloo (scharf!), dazu Reis	9,00
88	**Vegetaria Biryani, Reis** mit frischem Gemüse	8,00
89	**Chicken Biryani,** gebratener Reis mit Hühnerfleisch und frischem Gemüse	8,00
90	**Chicken Shahi Korma,** Kokosmilch, Mandeln, Ananas, Curry	9,00
191	**Chili Chicken** (leicht scharf) gebackenes Huhn mit pikanter Sauce	8,50

Online bestellen: www.zentralpizza.de

Thema: 6. Brüche	**Lösung**
Inhalt: 6.4 Dezimalbrüche addieren und subtrahieren	

1. Hier haben sich Fehler eingeschlichen. *Findest du sie?*

		0,	6	0	0
		4,	7	5	4
	+	8,	6	4	9
		2	1	1	
	1	4,	0	0	3

		2,	4	1	7
	2	5,	0	8	2
+		6,	7	9	3
	1	1	1	1	
	3	4,	2	~~8~~ 9	2

	2	6,	0	7	8
		8,	2	5	6
+	6	3,	1	8	9
	1		2	2	
	9	~~8~~ 7,	5	2	3

	2	3	2,	0	4	8
−		7	8,	5	1	3
	1	1	1			
	1	5	3,	5	3	5

	4	3	1,	2	4	5
−		8	7,	8	6	7
	1	1	1	1	1	
	3	~~5~~ 4	3,	3	7	8

	8	2	3,	4	9	3
−		4	7,	5	2	4
	1	1	1		1	
	7	7	5,	~~8~~ 9	6	9

2. Das Bild zeigt den Grundriss einer Wohnung. *Wie groß ist die gesamte Wohnfläche? Ordne die einzelnen Größen den Zimmern zu! Vom Balkon wird nur ein Teil als Wohnfläche berechnet. Wie groß ist dieser Anteil?*

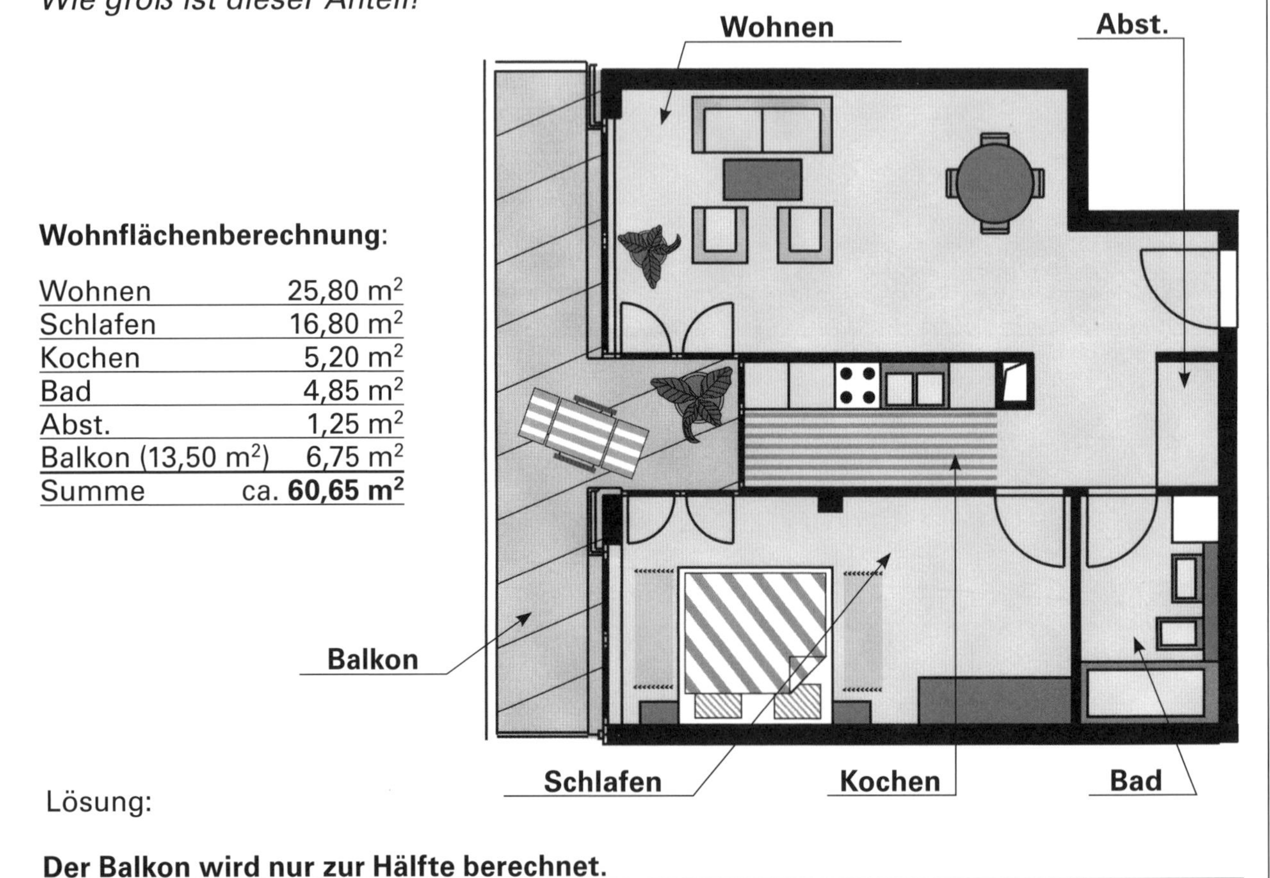

Wohnflächenberechnung:

Wohnen	25,80 m²
Schlafen	16,80 m²
Kochen	5,20 m²
Bad	4,85 m²
Abst.	1,25 m²
Balkon (13,50 m²)	6,75 m²
Summe	ca. **60,65 m²**

Lösung:

Der Balkon wird nur zur Hälfte berechnet.

Thema: **6. Brüche**

Inhalt: 6.4 Dezimalbrüche addieren und subtrahieren

Lösung

3. Erfinde Rechengeschichten!

Familie Müller bestellt

- 1x Pfifferlinge mit Sahnesauce (normal)
- 2x Lasagne überbacken, mit Hackfleisch und Sahnesauce (normal)
- 1x Putenschnitzel mit Pommes und Salat

Reichen die beiden 20-€-Scheine aus, die Herr Müller noch im Geldbeutel hat?

Preis:

• 1x Pfifferlinge mit Sahnesauce (normal)	8,00 €
• 2x Lasagne überbacken, mit Hackfleisch und Sahnesauce	14,00 €
• 1x Putenschnitzel mit Pommes und Salat	8,00 €
Gesamtsumme:	30,00 €

Antwort: Die beiden Scheine reichen aus, es bleiben noch 10 € übrig.

Markus kramt verzweifelt in seiner Tasche. Er hat großen Hunger und möchte beim Pizza-Service für sich und seinen Freund etwas zu essen bestellen.

Nachdem er alle Taschen geleert hat, zählt er zusammen: 17,50 €. „Die verbrauchen wir bis auf den letzten Cent“, meint er. Was kann er bestellen? Finde drei Möglichkeiten!

Markus bestellt:

Möglichkeit 1:	Canneloni überbacken (groß)	9,00 €
	Chili Chicken	8,50 €
Möglichkeit 2:	Tagliatelle al Salmone (groß)	10,00 €
	Tacos mit Hackfleisch	7,50 €
Möglichkeit 3:	Combinazione (groß)	9,50 €
	Champignonrahmschnitzel	8,00 €